C 语言程序设计实训教程

郑国勋 张晓贤 主编

辽宁科学技术出版社
·沈阳·

图书在版编目（CIP）数据

C语言程序设计实训教程 / 郑国勋，张晓贤主编．— 沈阳：辽宁科学技术出版社，2022.12（2024.6重印）

ISBN 978-7-5591-2821-8

Ⅰ．①C… Ⅱ．①郑… ②张… Ⅲ．①C语言—程序设计—教材 Ⅳ．①TP312

中国版本图书馆CIP数据核字（2022）第230451号

出版发行：辽宁科学技术出版社

（地址：沈阳市和平区十一纬路25号 邮编：110003）

印 刷 者：沈阳丰泽彩色包装印刷有限公司

经 销 者：各地新华书店

幅面尺寸：185mm×260mm

印　　张：20.75

字　　数：400千字

出版时间：2022年12月第1版

印刷时间：2024年6月第2次印刷

责任编辑：吕焕亮

封面设计：盼　盼

责任校对：王玉宝

书　　号：ISBN 978-7-5591-2821-8

定　　价：100.00元

内 容 提 要

本书是C语言程序设计相关课程的实训指导教材。本书旨在培养学生的结构化编程思想和实践操作能力，注重基础、强调方法、突出应用、强化实践。

本书共分为6章，包含14个实训项目。每个实训项目均采用初学编程的最佳路径——示范+模仿+变通的实践模式，针对各知识点设置了多个示范任务、同步任务和提高任务，并给出相应的自测题。书中还介绍了Visual C++ IDE调试工具的基本使用，提供了Visual C++ 6.0常见编译错误信息，给出了自测题参考答案，提供了15套C语言程序设计模拟试题及参考答案。本书最后还给出了一套实训报告手册模板，便于学生自测与教师检查。

本书可作为各类大专院校C语言程序设计相关课程的实训教材，也可作为程序设计爱好者与自学者的实践参考书。

前　言

根据《教育部关于以就业为导向深化高等职业教育改革的若干意见》中提出的高等职业院校必须把培养学生动手能力、实践能力和可持续发展能力放在突出的地位，促进学生技能培养的指导精神，本书从高职高专的培养目标和学生的特点出发，以激发学生兴趣为着眼点，认真组织内容、精心设计案例，力求浅显易懂、讲够理论、注重实践、分层次设置实训任务。

C 语言程序设计相关课程是高职高专院校计算机相关专业重要的专业基础课程，通过本课程的学习，学生不仅要掌握程序设计和 C 语言的基本要素，更重要的是通过实践逐步掌握结构化程序设计的基本思想和方法，培养学生进行标准化编程的素质及初步的编程能力，为后续程序设计和软件开发技术课程的深入学习奠定基础。

学习语言如同学习写作，只有勤于思考，多练习才能收到好的效果。在多年的教学实践过程中，我们发现有许多学生在开始学习程序设计类课程时，会有“上课听得懂，下课不会做”的现象，感觉入门难，掌握起来更难，对很多问题知其然而不知其所以然，似是而非。对于初学程序设计的学生，一定要勤于思考，多读程序、多编写程序、多上机调试程序，只有这样才能尽快掌握和运用程序设计语言去解决实际问题。为此，我们编写了这本实训教程。本书既是 C 语言程序设计相关课程的配套实训教材，也可单独作为程序设计基础相关课程的实训教程。

全书共分 6 章，主要内容包括 C 语言程序设计概述、算法及其描述、基本数据类型与表达式、程序流程与流程控制语句、数组、函数等方面的内容。每章安排了 1 ～ 4 个上机实训项目，每个实训项目均由实训目的、实训指导和自测题三部分组成。每个实训项目针对不同的知识点分别设置了示范任务、同步任务和提高任务三个不同层次的实训任务。在示范任务中，不只给出参考代码，更重要的是给出编程思路和知识点解析。这样，形成先引导学生怎样去思考，再给出参照，最后把知识点进行归纳总结的示范模式，使学生不仅仅掌握一个题目的求解方法，而是一类问题的思考与实现方法。在此基础上，给出同步任务，让学生能把学到的程序设计思想及时应用到实践题目中，让理论和实战及时结合。最后给出提高任务，使一部分学习能力较强的学生经过模仿阶段，迅速达到变通阶段，能够运用相关的知识点独立解决实际问题。另外，在每个实训项目的最后，还设置了相应的自测题和习题解析，使学生可以在课后自我检测学习效果。

书中还介绍了 Visual C++ IDE 调试工具的基本使用，提供了 Visual C++ 6.0 常见编译错误信息，给出了自测题参考答案，提供了15套C语言程序设计模拟试题及参考答案。本书最后还给出了一套实训报告手册模板，便于学生自测与教师检查。

本书的编者均为多年从事高职高专教学第一线的教师。本书的体系结构是经过反复教研和多个学期的教学实践逐渐形成的。要想学好程序设计课程，需要教师和学生的共同努力。对于学习者来说，需要多动手，多实践，多思考。一分耕耘，一分收获，坚持耕耘定会得到意想不到的收获。

本书由长春工程学院的郑国勋和张晓贤老师主编。郑国勋编写第 1 章、第 2 章、第 3 章、第 4 章和附录 A、D；张晓贤编写第 5 章、第 6 章和附录 B、C；实训报告手册模板由郑国勋和张晓贤共同编写。全书由郑国勋统稿。

在本书的编写和出版的过程中，得到了长春工程学院许琳老师的大力支持和帮助，在此表示衷心的感谢。

虽然我们力求完美，力创精品，但由于水平有限，加上编写时间仓促，书中难免有疏漏和错误等不尽人意之处，恳请阅读本书的老师和同学们提出宝贵意见。编者联系信箱：zhengguoxun@ccit.edu.cn。

编 者

2022 年 9 月

目　录

第 1 章　C 语言程序设计概述 ………………………………………… 1

　　实训　认识 C 语言程序设计的基本流程及其开发环境 ………………… 1

第 2 章　算法及其描述 ………………………………………………… 14

　　实训　算法设计 ……………………………………………………… 14

第 3 章　基本数据类型与表达式 ……………………………………… 19

　　实训　3.1　数据类型与数据的输入 / 输出 ……………………………… 19

　　实训　3.2　表达式与表达式语句 ……………………………………… 26

　　实训　3.3　结构体与枚举类型 ………………………………………… 34

第 4 章　程序结构与流程控制语句 …………………………………… 42

　　实训　4.1　if 语句 …………………………………………………… 42

　　实训　4.2　switch 语句 ……………………………………………… 51

　　实训　4.3　循环语句 ………………………………………………… 59

　　实训　4.4　break 和 continue 语句 …………………………………… 69

第 5 章　数　　组 ……………………………………………………… 78

　　实训　5.1　一维数组的使用 …………………………………………… 78

　　实训　5.2　二维数组的使用 …………………………………………… 89

第 6 章　函　　数 ……………………………………………………… 97

　　实训　6.1　函数的基本使用 …………………………………………… 97

　　实训　6.2　函数的参数传递 …………………………………………… 107

实训 6.3 函数的综合应用 …… 122

参考文献 …… 132
附录 A Visual C++IDE 调试工具基本使用 …… 133
附录 B Visual C++6.0 常见编译错误信息 …… 150
附录 C 自测题参考答案 …… 152
附录 D 模拟试题及参考答案 …… 171
实训报告手册模板 …… 290

第 1 章　C 语言程序设计概述

实训　认识C语言程序设计的基本流程及其开发环境

（参考学时：2学时）

一、实训目的

（1）熟悉 Visual C++ 6.0 IDE，掌握在其中创建 Win32 控制台应用程序的操作技能。包括源程序的编辑、编译、链接和执行操作。

（2）通过编写简单程序，掌握程序的基本组成和结构，以及程序设计的基本流程。

（3）初步掌握程序调试的基本技能。包括发现、排除简单的语法错误和逻辑错误。

（4）了解项目文件的布局。包括新建工程、源程序及可执行程序的目录文件结构。

二、实训指导

【示范任务 1】从键盘上任意输入两个整数，求解并输出这两个整数的和。

1．编程思路

（1）定义三个整型变量，两个用于从键盘接收任意输入的整数，一个用于存放这两个整数的和。

（2）从键盘接收（scanf（））两个整数。

（3）求和并输出（printf（））。

2．具体实现

第一步：启动 Visual C++ 6.0，进入集成开发环境。

从【开始】→【程序】→【Microsoft Visual Studio 6.0】→【Microsoft Visual C++ 6.0】启动 Visual C++ 6.0，打开 Visual C++ 6.0 IDE 主窗口，如图 1-1 所示。

第二步：新建工程。

在“D: \C Programming”目录（可以自己定义）下，新建一个名为“ModelTask1_1”的工程，操作方法如下：

（1）在 Visual C++ 主窗口中，单击【File（文件）】→【New（新建）】，弹出“New（新建）”对话框。

（2）在“新建”对话框中选择“工程”标签下的“Win32 Console Application”项

（指定工程类型为 32 位控制台应用程序）。然后在“位置”文本框中指定新建工程的路径：“D: \C Programming \”。最后在“工程名称”文本框中输入新建工程的名称：“ModelTask1_1”，此时“位置”文本框中的内容变为“D: \C Programming \ ModelTask1_1”，如图 1-2 所示。

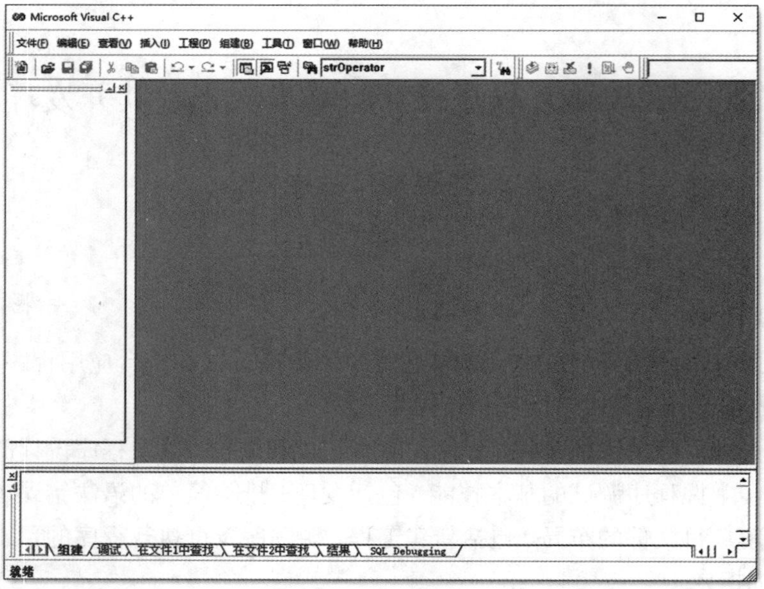

图1-1 Visual C++ 6.0 IDE主窗口

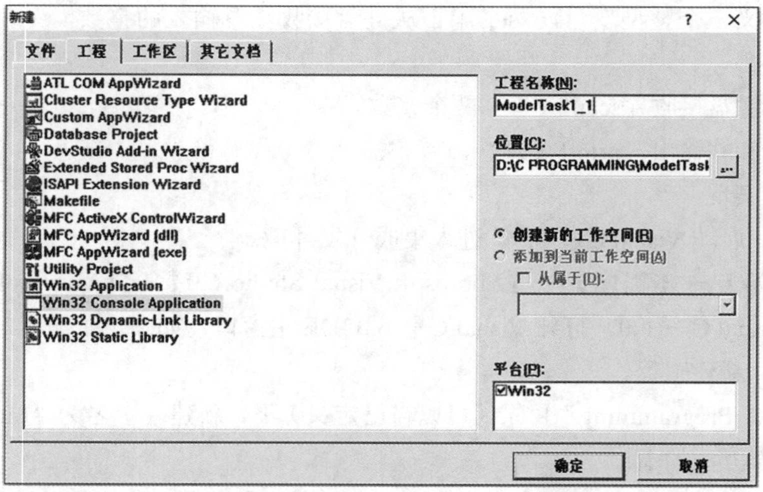

图1-2 新建工程的“新建”对话框

（3）单击“确定”按钮，进入“Win32 Console Application- 步骤 1 共 1 步”对话框，

选中“一个空工程”项（默认），如图 1-3 所示。

（4）单击“完成”按钮，弹出“新建工程信息”对话框，显示即将新建的 Win32 控制台应用程序的框架说明，如图 1-4 所示。

（5）在确认 Win32 控制台应用程序的新建工程信息无误后，单击“确定”按钮，弹出 ModelTask1_1 工程编辑窗口，如图 1-5 所示。

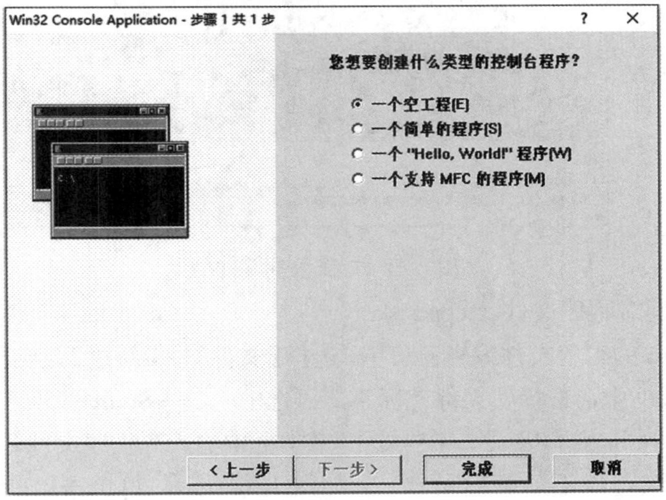

图1-3　创建Win32控制台应用程序的第一步

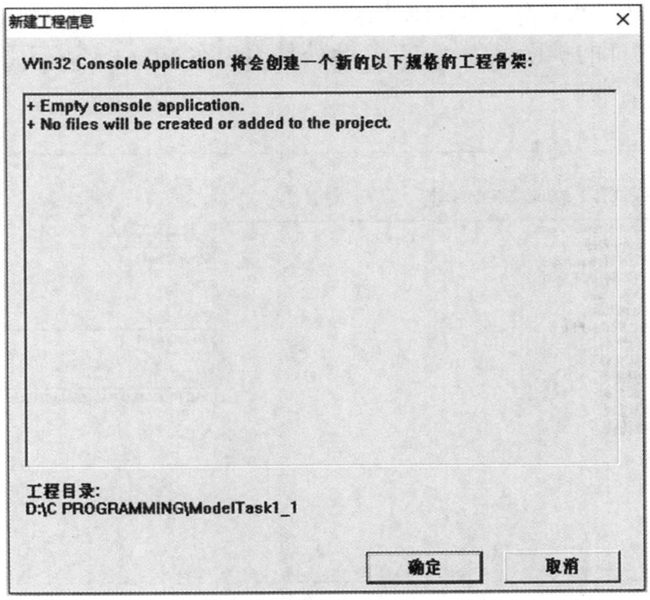

图1-4　新建工程的框架信息

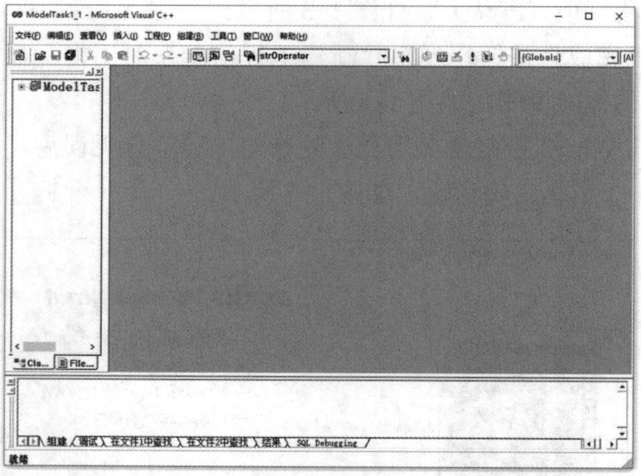

图1-5　工程编辑窗口

第三步：新建源程序文件（.cpp）。

（1）在图1-5的工程文件编辑窗口中，选择【文件】→【新建】，弹出"新建"对话框。

（2）在对话框中，选择"文件"标签，再选中"C++ Source File"项（注意：默认文件类型是"Active Server Page"），在"文件"文本框中输入源程序文件名"ModelTask1_1"（说明：该文件名可以不与工程同名），如图1-6所示，再单击"确定"按钮，然后在ModelTask1_1的工程编辑窗口中将出现源程序文件的编辑窗口，如图1-7所示。标题为"ModelTask1_1.cpp"的子窗口中出现字符输入光标闪烁，提示输入源程序。注意：C语言的源程序文件的扩展名为".c"，此处是因为在VC++环境下编译，所以文件扩展名为".cpp"。

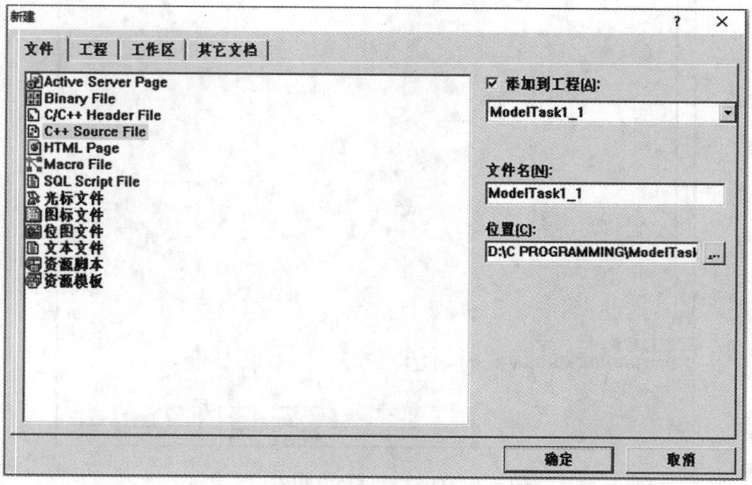

图1-6　工程中的"新建"对话框

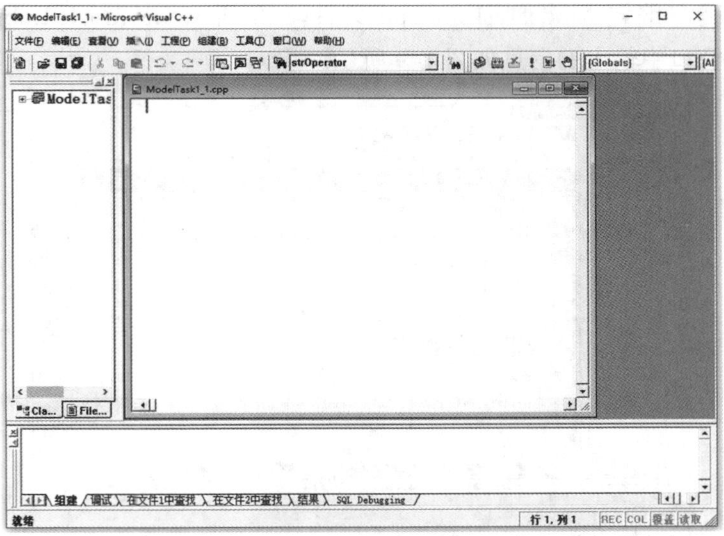

图1–7 源程序文件编辑子窗口

（3）输入源程序的全部内容，如图 1–8 所示。然后，选择【文件】→【保存】命令，或单击工具栏上的“Save”按钮“ ”，将源程序内容保存到“D:\C Programming\ModelTask1_1\ ModelTask1_1.cpp”文件中。

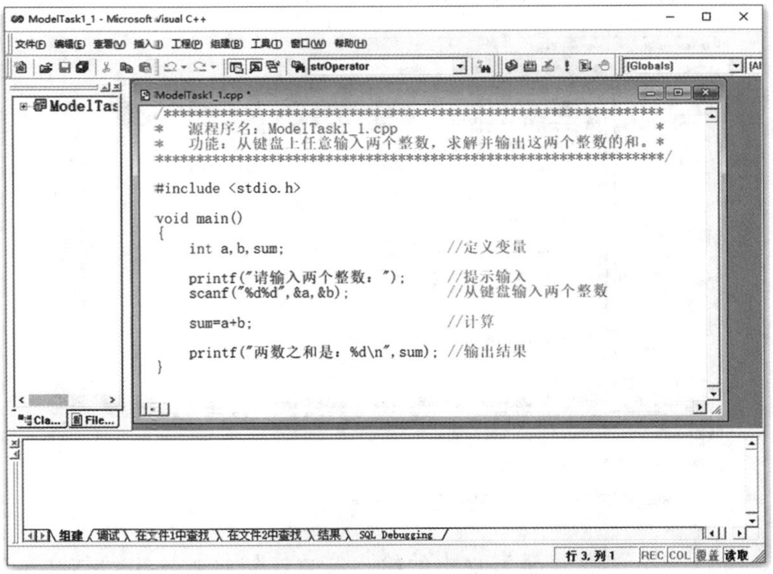

图1–8 输入源程序内容

第四步：编译、链接和运行程序。

（1）选择【组建】→【编译 ModelTask1_1.cpp】命令，或单击【编译】按钮“ ”，

或按 Ctrl+F7 键，编译 ModelTask1_1.cpp 文件，得到 ModelTask1_1.obj 文件。Visual C++ 工程编辑窗口中输出的信息如图 1-9 所示。

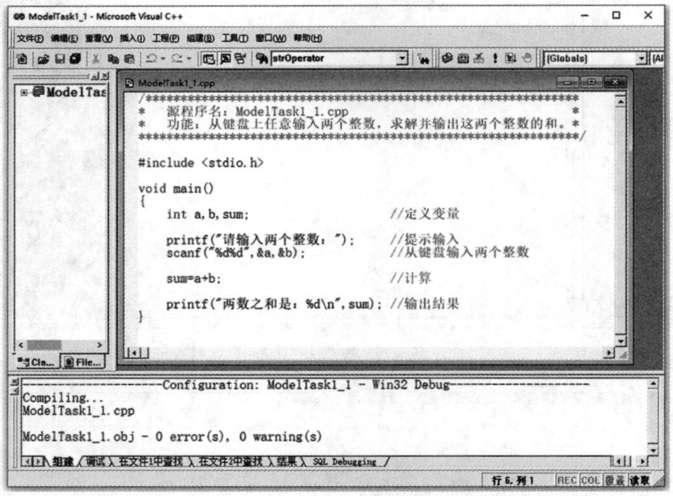

图1-9 工程编辑窗口中的输出窗口在编译时输出的信息

（2）选择【组建】→【组建 ModelTask1_1.exe】命令，或单击【Build】按钮“ ”，或按 F7 键，生成可执行文件 ModelTask1_1.exe。Visual C++ 工程编辑窗口中输出的信息如图 1-10 所示。说明：也可省略第（1）步，直接执行第（2）步。

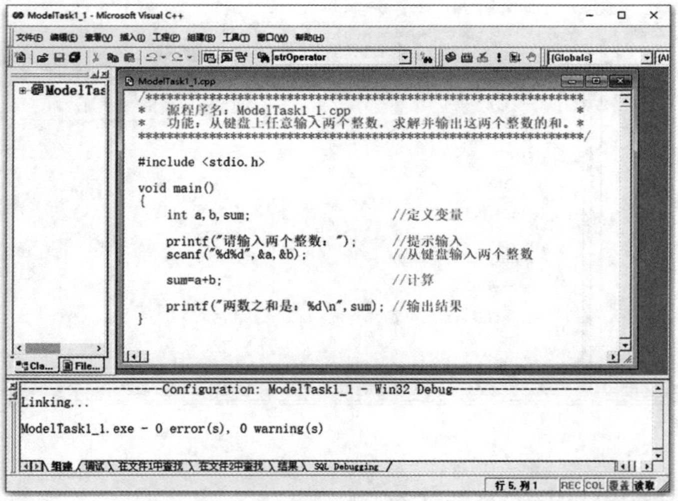

图1-10 工程编辑窗口中的输出窗口在链接时输出的信息

（3）选择【组建】→【执行 ModelTask1_1.exe】命令，或单击【BuildExecute】按钮“ ! ”，或按 Ctrl+F5 键，执行该程序，出现如图 1-11 所示的运行窗口。

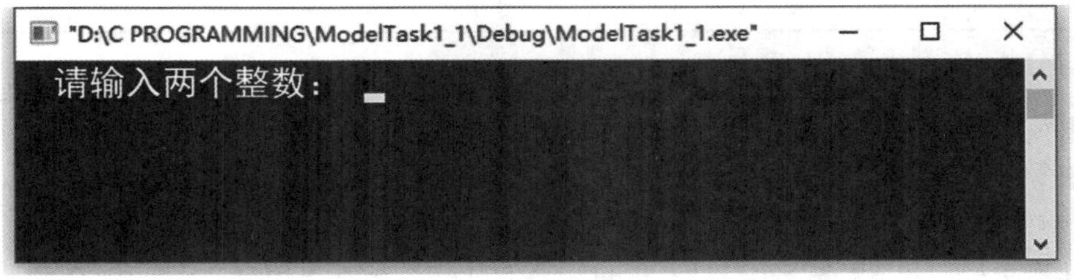

图1-11　运行窗口

从键盘输入 4 和 7，中间用空格隔开（或按 Tab 键，用制表符作分隔符），然后回车，屏幕上显示程序的运行结果，如图 1-12 所示。观察运行结果后，按任意键，运行窗口消失。

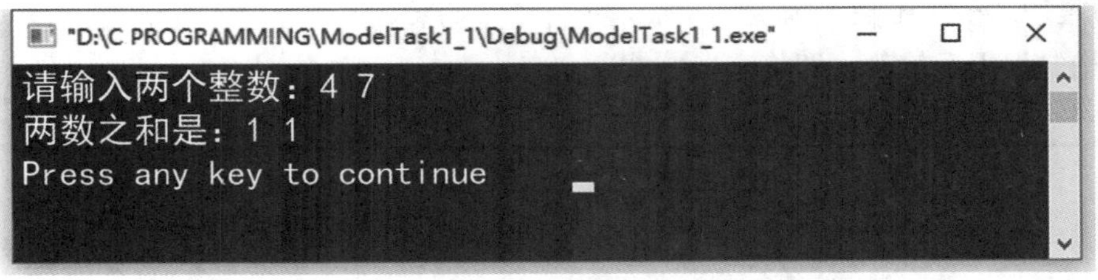

图1-12　程序运行结果

3．知识点解析

（1）该程序具有一般通用程序所涉及的 3 个主要部分：输入初值、相关处理、输出结果。

（2）要使用 scanf/printf 函数进行输入 / 输出，必须使用预处理命令“#include <stdio.h>”。

（3）每个程序都有且仅有一个 main（）主函数。

（4）变量在使用前必须进行声明。

（5）每一条语句必须以分号结束。

（6）C 语言程序区分大小写，并且区分中、英文符号。

（7）输入、输出前通常要有提示信息。

4．程序的简单调试

对源程序“ModelTask1_1.cpp”进行下面一系列改变后，会引起程序的语法错误和逻辑错误。参照②，观察与分析③至⑥出现的错误，并记录修正错误的方法，如表 1-1 所示。

① 打开“ModelTask1_1.dsw”文件，再打开“ModelTask1_1.cpp”文件，“ModelTask1_1”工程编辑窗口见图 1-8。

② 在程序中把第一个“printf”中的字母 f 去掉，重新编译，错误情况如图 1-13 所示。观察并记录结果后恢复。

表1-1 修正错误

观察与分析：
在输出窗口中，编译结果报告1个语法错误： 在第12行存在语法错误。错误号为C2065，具体信息为“print：undeclared identifier（print：未声明）” 分析错误：printf是C语言的标准库函数名，不可拼写错
修正错误：
① 在输出窗口双击“D:\C Programming\ModelTask1_1\ModelTask1_1.cpp（12）：error C2065：“print”：undeclared identifier 执行 cl.exe 时出错”语法错误信息行，源程序编辑窗口中将出现一个蓝色小指针，定位到源程序的第12行 ② 根据错误提示修改，即将print改成printf ③ 按F7键，重新编译

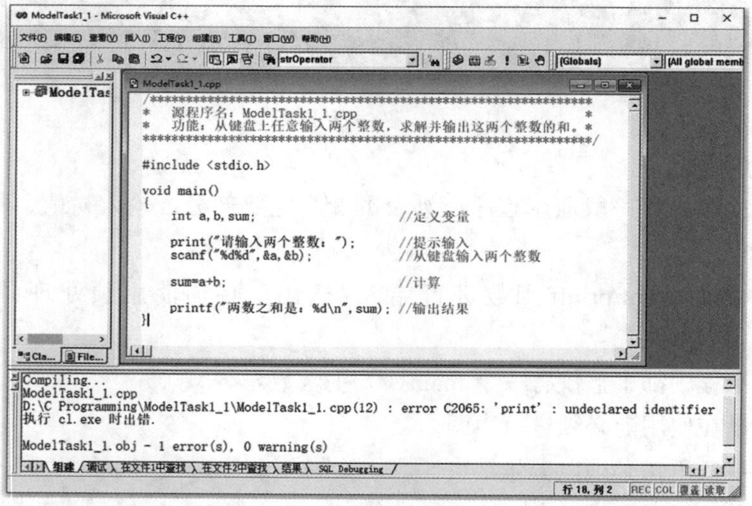

图1-13 在程序中把第一个“printf”中的字母f去掉，编译后的情况

③ 在程序中删除一个分号，重新编译，观察并记录结果后恢复。

④ 把程序“int a，b，sum；”中的一个西文逗号改成中文逗号，重新编译，观察并记录结果后恢复。

⑤ 在程序中删除花括号“{”，重新编译，观察并记录结果后恢复。

⑥ 在程序中删除预处理命令，重新编译，观察并记录结果后恢复。

⑦ 在程序中把一个“//”改成“/”，重新编译，观察并记录结果后恢复。

⑧ 在程序中把main改成mian，重新编译并链接，观察并记录结果后恢复。

⑨ 在程序中把“sum=a + b；”改成“sum=a－b；”，重新编译、链接、执行，观

察并记录结果后恢复。

⑩ 归纳结论。

程序中怎样的差错会在编译时被发现？

程序中怎样的差错不会在编译时被发现，却影响程序的运行结果？

●注释

①在调试程序的过程中，如果出现编译错误，要由上至下一个一个地去修改，每改一处，就要重新编译一次，不要想一次把所有错误都修改后再编译。因为，有时一个错误会引起下面程序段中与之有关的行也会出现错误，改正了这一个错误，其他错误也就随之消失了。

②有些错误会出现在链接阶段，例如，把 main 改成 mian，编译程序把 mian 当成是用户自定义函数进行编译，没有语法错误，也就没有报错。但由于 C 语言程序必须有一个且只能有一个 main 函数，链接程序没有发现 main 函数，因此在链接阶段报错。

③当调试程序出现编译、链接或运行错误，可以查看附录 B 中提供的常见错误信息。要注意培养自己独立分析问题和解决问题的能力，积累查错的经验，逐渐提高调试程序的能力。千万不要被错误所吓倒，相信自己一定会在调试程序的过程中成长起来。

5．说明

（1）项目文件的布局。

当用 Visual C++ 生成一个项目时，系统会产生出很多的文件（在“资源管理器”中打开“D：\C Programming\ ModelTask1_1”文件夹，如图 1–14 所示），对这些不同类型文件的作用简单介绍如下：

.dsw 文件：称为工作区（Workspace）文件，这是 Visual C++ 中级别最高的文件，可以用它直接打开工程。

.dsp 文件：项目（Project）文件，存放特定的应用程序的有关信息。如果没有 .dsw 文件，可以用它直接打开工程。

.opt 文件：选项文件，是工程关于开发环境的选项设置。此文件被删除后会自动建立，若更换了机器环境，因环境变了，该文件也会重建。

.ncb 文件：无编译浏览文件（no complie browser）。使用技巧：当自动完成功能出问题时，可以删除此文件，build 后会自动生成。此时 Debug 文件夹下没有任何文件。

（2）关闭和打开工作区文件。

关闭工作文件：使用【文件】→【关闭工作空间】命令。

打开工程文件：使用【文件】→【打开工作空间】命令，弹出“打开工作区”对话框，如图 1–15 所示。在“查找范围”下拉列表中选中“D：\C Programming\ ModelTask1_1”文件夹（也可以在“资源管理器”中打开“D：\C Programming \ ModelTask1_1”文件夹，如图 1–14 所示），在列表框中双击“ModelTask1_1.dsw”文件，进入如图 1–5 所示的工程编辑窗口。

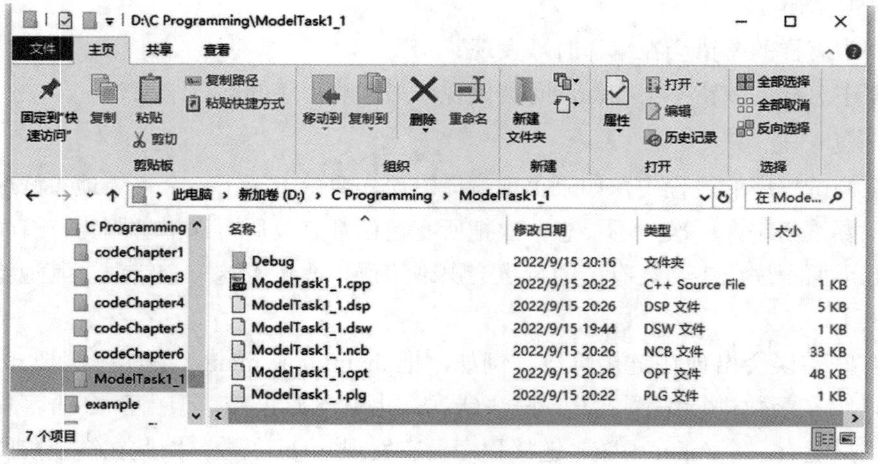

图1-14 新建工程文件夹中的文件

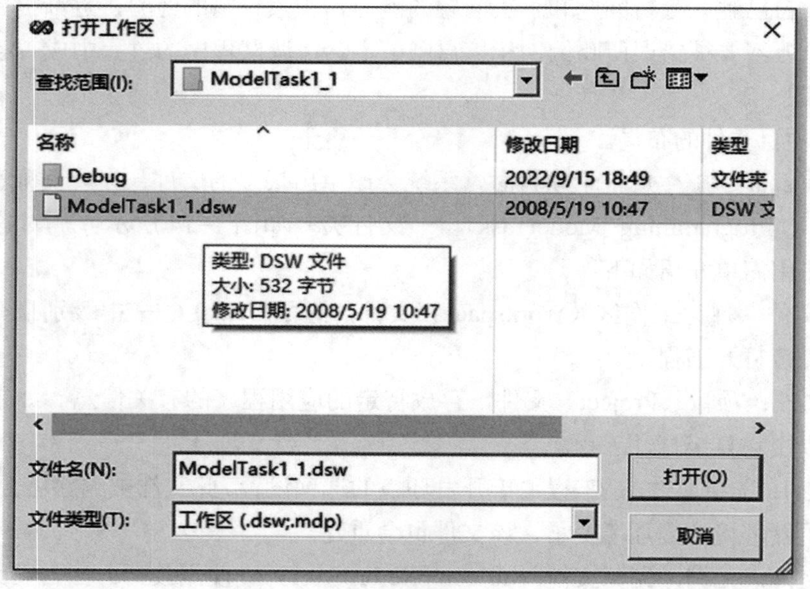

图1-15 "打开工作区"对话框

（3）本课程要求一个工程中只能添加一个 C++ 源程序，即在编写新的 C++ 源程序前，要先关闭当前工程，然后再新建一个工程，并在其中添加 C++ 源程序。

【同步任务 1】设计一个 C 语言程序，输入 3 个职工的工资，求工资总额。实验数据：1500，2000，2500

1．编程思路

（1）定义 4 个整型变量，其中 3 个用于从键盘接收用户输入的职工工资，1 个用于存放工资总额。

（2）从键盘接收（scanf（））3 个整数。

（3）求和并输出（printf（））。

2．具体实现

第一步：启动 Visual C++ 6.0，进入集成开发环境。

第二步：新建工程。

第三步：新建源程序文件（.cpp），源程序代码如下：

```
/*****************************************************
* 源程序名：SynTask1_1.cpp                              *
* 功能：输入 3 个职工的工资，求工资总额                      *
*****************************************************/
#include <stdio.h>
void main（）
{
  int s1，s2，s3，total;
  printf（“请输入 3 个工资（整数）：”）；
  scanf（“%d%d%d”，s1，s2，s3）；
  total=s1+s2+s3；
  printf（“工资总额为：%d 元 \n”，total）；
}
```

第四步：编译、链接和运行程序。

【提高任务 1】设计一个 C 语言程序，输出信息

```
*********************************
      Welcome to C Programming！
*********************************
```

1．要点提示

（1）使用 3 个 printf（）函数输出每行信息。

（2）第二行信息前用空格调整位置。

2．知识点解析

（1）printf（）函数最后输出的“\n”代表回车换行。

（2）双引号中的信息构成字符串常量，用 printf（）函数输出字符串常量即将双引号中的信息原样输出，但不输出双引号。

三、自测题

1．单项选择题

（1）C 语言中，源程序文件名的后缀是（　）。

A．.exe　　B．.c　　C．.obj　　D．.dsp

（2）若在当前目录下新建一个名“Project_1”的工程后，则在（　）产生一个名为“Project_1”的文件夹。

A．当前目录下　B. 上级目录下　C. 下级目录下　D. 在根目录下

（3）若在当前目录下新建一个名为“LX”的工程，则生成的工作区文件名为（　）。

A．LX. DSP　　B．LX.OPT　　C．LX.DSW　　D．LX.CPP

（4）在 Visual C++6.0 IDE 中，打开“工作区窗口”的菜单命令是（　）。

A．【文件】→【打开工作空间】　　B．【查看】→【工作空间】

C．【文件】→【新建】　　D．【查看】→【调试窗口】

（5）在 Visual C++6.0 IDE 中，关闭“输出窗口”的正确方法是（　）。

A．单击【文件】→【关闭】菜单命令

B．单击“输出窗口”的“关闭”按钮

C．单击【查看】→【输出】菜单命令

D．单击【文件】→【关闭工作空间】菜单命令

（6）（　）错误，会在编译时被发现。

A．算法　　B．逻辑　　C．警告　　D．语法

（7）下面可能不影响程序正常运行的是（　）。

A．语法错误　　B．逻辑错误　　C．警告提示　D．算法错误

（8）在 Visual C++6.0 IDE 中，正确创建一个 Win32 控制台应用程序的开始步骤（　）。

A．首先单击【文件】→【新建】菜单命令，然后选中“Project”标签，并在其中选中“Win32 Console Application”项

B．首先单击【文件】→【新建】菜单命令，然后选中“Project”标签，并在其中选中“Win32 Application”项

C．首先单击【文件】→【新建】菜单命令，然后选中“Files”标签，并在其中选中“C++ Source File”项

D．首先单击【文件】→【新建】菜单命令，然后选中“Files”标签，并在其中选中“C/C++ Head File”项

（9）若在输出窗口中，给出编译报告“error C2065：‘print’：undeclared indentifier”，则在源程序中可能的错误是（　）。

A．忘了声明变量 print　　B．忘了声明加入头文件 stdio.h

C．输入时将 printf 拼错了　　D．缺少 main 函数

（10）C 语言程序的基本单位是（　）。

A．程序行　　B．语句　　C．函数　　D．字符

（11）C 语言规定，在一个源程序中，main 函数的位置（　）。

A．必须在最开始　　B．必须在系统调用的库函数的后面

C．可以任意　　D．必须在最后

（12）C 语言程序的上机步骤中不包括（　）。

A．编辑　　B．编译　　C．链接　　D. 编程

（13）以下叙述中正确的是（　）。

A．C 程序中注释部分可以出现在程序中任意合适的地方

B．花括号“{”和“}”只能作为函数体的定界符

C．构成 C 程序的基本单位是函数，所有函数名都可以由用户命名

D．分号是 C 语句之间的分隔符，不是语句的一部分

2．填空题

（1）在 C 语言中，包含头文件的预处理命令以 ____________ 开头。

（2）在 C 语言中，主函数名是 _____________。

（3）在 C 语言中，行注释符是 _____________。

（4）在 Visual C++6.0 IDE 中，按下 Ctrl 键的同时按 __________ 键，运行可执行程序文件。

（5）在 Visual C++6.0 IDE 中，按下 __________ 键，生成可执行文件。

（6）程序文件的编译错误分为 _________________ 和 _________________ 两类。

第2章　算法及其描述

实训　算法设计

（参考学时：2学时）

一、实训目的

（1）了解用自然语言描述算法的方法。

（2）掌握用传统流程图或N-S流程图表示算法的方法。

（3）理解程序设计的3种基本结构。

二、实训指导

【示范任务1】计算一名学生3门课的考试总分和平均分。

1．用自然语言描述算法

（1）输入3门课成绩。

（2）求3门课的总分。

（3）求3门课的平均分。

（4）输出总分和平均分。

2．用传统流程图描述算法

如图2-1所示。

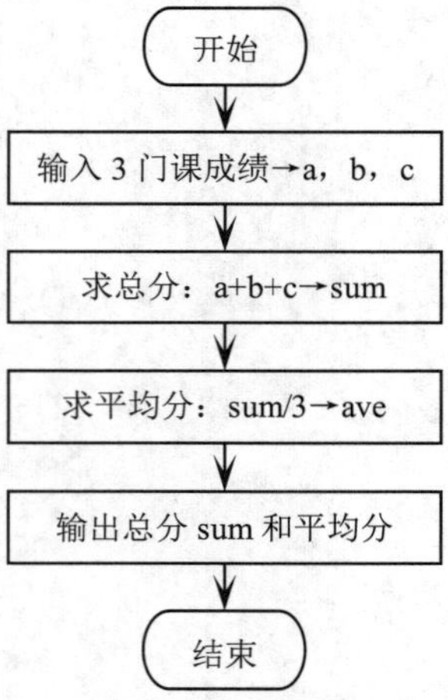

图2-1　用传统流程图描述算法

3．用 N-S 流程图描述算法

如图 2-2 所示。

输入 3 门课成绩→a，b，c
求总分：a+b+c→sum
求平均分：sum/3→ave
输出总分 sum 和平均分 ave

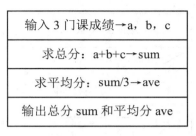

图2-2　用N-S流程图描述算法

【同步任务 1】 有两个瓶子 A 和 B，A 瓶盛放可乐，B 瓶盛放矿泉水。请将两个瓶子里的液体互换，即 A 瓶盛放矿泉水，B 瓶盛放可乐。

1．用自然语言描述算法

2．用传统流程图描述算法

3．用 N-S 流程图描述算法

【示范任务 2】 判断一个数 n 能否被 2 和 5 同时整除。

1．用自然语言描述算法

（1）输入一个数 n。

（2）如果 n 能被 2 整除，转（3）；否则转（4）。

（3）如果 n 能被 5 整除，输出“n 能被 2 和 5 同时整除”，结束；否则转（4）。

（4）“n 能被 2 和 5 同时整除”，结束。

2．用传统流程图描述算法

如图 2-3 所示。

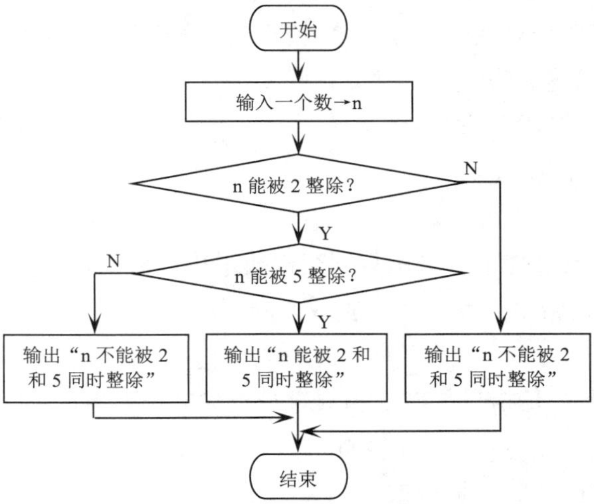

图2-3　用传统流程图描述算法

3．用N-S流程图描述算法

如图2-4所示。

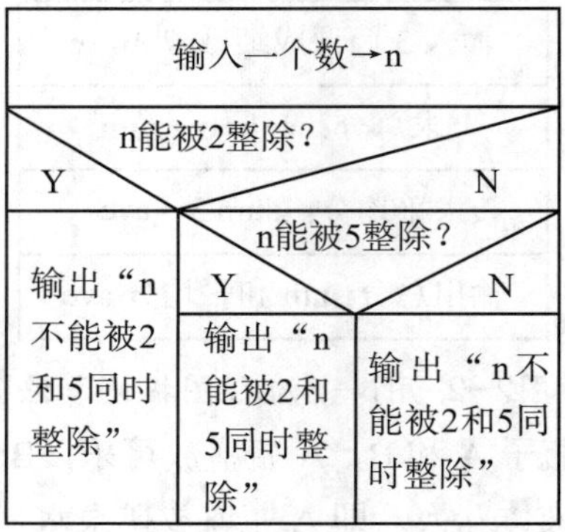

图2-4 用N-S流程图描述算法

【同步任务2】求解一元二次方程的$ax^2+bx+c=0$根，写出其算法流程。

1．用自然语言描述算法

（1）输入a、b、c的值。

（2）计算$d=b^2-4ac$的值。

（3）如果$d<0$，输出“没有实根”，结束；否则转（4）。

（4）如果$d<0$，计算$x1+x2=-b/2a$；否则$x1=(-b+\sqrt{d})/2a$，$x2=(-b-\sqrt{d})/2a$。

（5）输出x1、x2，结束。

2．用传统流程图描述算法

3．用N-S流程图描述算法

【提高任务】将3个分数s1、s2、s3按照从高分到低分的顺序输出。

1．用自然语言描述算法

2．用传统流程图描述算法

3．用N-S流程图描述算法

●注释

在数据的两两比较过程中，采用数据交换技术可以减少比较的次数。

【示范任务3】请给出判断素数（质数）的算法。

●注释

（1）素数（质数）是指只能被1和其自身整除的正整数。

（2）判定方法：不能被2～$\sqrt{n}$之间的

所有整数整除的正整数n是素数。

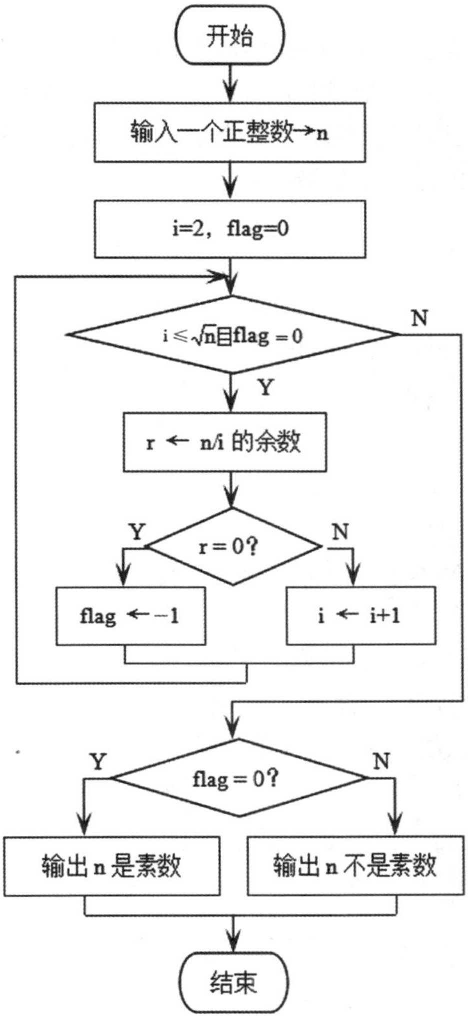

图2-5　用传统流程图描述算法

1．用自然语言描述算法

（1）输入一个数 n。

（2）令 i=2，flag=0。

（3）如果，$i \leqslant \sqrt{n}$ 且 $flag = 0$ 转（4），否则转（7）。

（4）把 n 除以 i 的余数赋给 r。如果 r=0 转（5），否则转（6）。

（5）令 flag=0，转（3）。

（6）令 i=i+1，转（3）。

（7）如果 flag=0，转（8），否则转（9）。

（8）输出 n 是素数，结束。

（9）输出 n 不是素数，结束。

2．用传统流程图描述算法

如图 2-5 所示。

3．用 N-S 流程图描述算法

如图 2-6 所示。

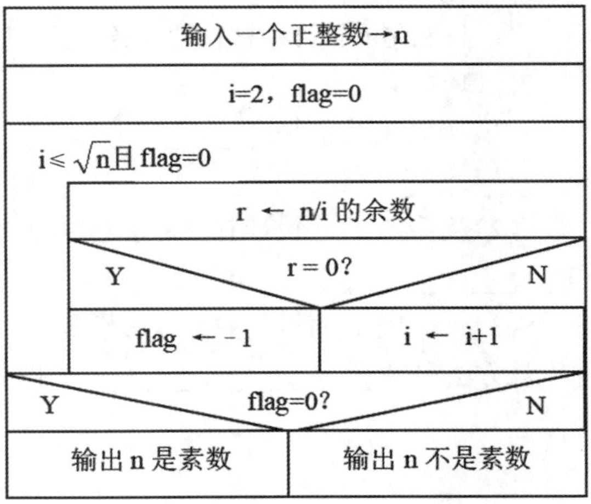

图2-6　用N-S流程图描述算法

【同步任务 3】依次输入 10 个整数，要求将其中最小的数打印出来。

1．用自然语言描述算法

2．用传统流程图描述算法

3．用 N-S 流程图描述算法

●注释

（1）设置一个变量 max，用于存储当前最大值，max 的初始值为第一个数（即假设第一个数是最大值）。以后每输入一个数都与 max 的值进行比较，如果比 max 值大，则将该数存放在 max 中，继续输入下一个数；否则继续输入下一个数。以此类推，直到 10 个数输入并比较完毕，max 中存放的即为 10 个数中的最大值。

（2）本算法的循环体中包含一个分支结构。

三、自测题

1．单项选择题

（1）算法具有 5 个特性，以下选项中不属于算法特性的是（　）。

A．有穷性　　B．简洁性　　C．可行性　　D．确定性

（2）以下说法错误的是（　）。

A．一个算法应包含有限个步骤

B．在计算机上实现的算法是用来处理数据对象的

C．算法中指定的操作不能通过已经实现的基本运算执行有限次后实现

D．算法的目的是为了求解

（3）结构化程序由 3 种基本结构组成，3 种基本结构组成的算法（　）。

A．可以完成任何复杂的任务　　B．只能完成部分复杂的任务

C．只能完成符合结构化的任务　　D．只能完成一些简单的任务

2．填空题

（1）算法的特征是__________、__________、__________、__________和__________。

（2）结构化程序设计有三种最基本的结构：__________、__________和__________。

（3）结构化程序设计的基本思想是采用“__________，__________”的程序设计方法和“__________”的控制结构。

第 3 章　基本数据类型与表达式

实训　3.1 数据类型与数据的输入/输出

（参考学时：2学时）

一、实训目的

（1）掌握基本数据类型的使用。

（2）掌握输入 / 输出函数 scanf/printf 的基本使用。

（3）掌握预处理命令的操作。包括 #include、#define。

（4）初步掌握常量和变量的使用。

（5）基本掌握转义字符的使用方法。

二、实训指导

【示范任务 1】从键盘依次读入一个整数、一个实数和一个字符，并在屏幕上依次输出。

1．编程思路

（1）声明 3 个变量（分别为整型、实型、字符型），用于存放从键盘接收的数据。

（2）从键盘读入 3 个数据，分别存入上述 3 个变量。

（3）将 3 个变量值输出到屏幕。

2．具体实现

（1）创建工程，并在工程中加入如下源程序代码（过程参见第 1 章实训）：

```
/*************************************************
* 源程序名：ModelTask3_1_1.cpp                  *
* 功能：声明基本类型变量及输入输出变量值          *
*************************************************/
#include < stdio.h>
void main（ ）
{
```

```
        int idata；       //声明整型变量 idata，存放整数
        float fdata；     //声明实型变量 fdata，存放实数
        char cdata；      //声明字符变量 cdata，存放字符
        printf（“请输入一个整数、一个实数、一个字符：”）；//提示信息
        scanf（“%d%f%c”，&idata，&fdata，&cdata）；//从键盘输入 3 个数据分
别存入 3 个变量
    printf（“整数：%d，实数：%f，字符：%c\n”，idata，fdata，cdata）；
        //输出 idata，fdata，cdata 变量的值，且在每个变量值前加上说明信息
    }
```

（2）编译、链接、执行。

按 F7 键开始编译链接。编译链接成功后，在工程文件夹下的“Debug”文件夹下生成可执行文件“ModelTask2_1.exe”。按 Ctrl+F5 键，开始运行。

（3）参考运行结果如下：

```
请输入一个整数、一个实数、一个字符：3  3.5  d
整数：3，实数：3.5，字符：d
```

3．知识点解析

（1）注释是用来增强程序的可读性的，一个“好”的程序，一定要有必要的注释。

（2）在从键盘输入数据或往屏幕上输出数值时，一般要在之前输出一条合理的提示信息，用来提示输入 / 输出的内容。

（3）输入数据时，每个数据间必须用空白符间隔，C 语言的空白符是空格符（＜空格＞键）、水平制表符键（＜ Tab ＞键）和换行符（＜回车＞键）的统称。

（4）数据输入必须用＜回车＞键结束。

【同步任务 1】 从键盘输入两个实数并依次将其值赋给变量 f1 和 f2，然后依次在屏幕上输出 f1 与 f2 的值且两数之间以 Tab 键分隔。

1．编程思路

（1）声明 2 个实型变量，用于存放从键盘接收的数据。

（2）从键盘读入 2 个数据，分别存入上述 2 个变量。

（3）将 2 个变量值输出到屏幕。

2．要点提示

在输出时以 Tab 键分隔两个值，应该使用转义字符“\t”。

例：printf（“Hello\tWorld！ \n”）；

3．参考运行结果

```
请输入两个实数：12.5   3.6
两个实数分别是：12.5     3.6
```

【示范任务 2】用 #define 定义一个符号常量 PI，值为 3.14。应用符号常量求圆的周长与面积。

1．编程思路

（1）声明 3 个实型变量 r、perimeter、area，分别存放圆的半径、周长和面积。

（2）从键盘读入圆的半径，存入变量 r 中。

（3）计算求得圆的周长和面积。

（4）将周长和面积输出到屏幕。

2．具体实现

（1）创建工程，并在工程中加入如下源程序代码：

```
/*************************************************
 * 源程序名：ModelTask3_1_2.cpp                 *
 * 功能：应用符号常量求圆的周长与面积           *
 *************************************************/
#include <stdio.h>
#define PI 3.14
void main （）
{
float r，perimeter，area；// 声明实型变量 r，perimeter，area，
// 存放圆的半径、周长和面积
printf（“请输入圆的半径：”）；// 提示信息
scanf（“%f”，&r）；// 通过键盘输入半径
perimeter=2*PI*r；// 求圆的周长
area =PI*r*r；// 求圆的面积
printf（“圆的周长为：%.2f，面积为：%.2f\n”，perimeter，area）；
// 输出圆的周长和面积
}
```

（2）编译、链接、执行。

按 F7 键开始编译链接。编译链接成功后，在工程文件夹下的“Debug”文件夹下生成可执行文件“ModelTask2_2.exe”。按 Ctrl+F5 键，开始运行。

（3）参考运行结果如下：

```
请输入圆的半径：3.4
圆的周长为：21.35，面积为：36.30
```

3．知识点解析

（1）使用编译预处理命令 #define 声明符号常量的方法：

#define PI 3.14159

（2）使用符号常量有两个优点，一是“见名知义”，一是“一改全改”。

（3）实型变量输出保留两位小数的格式控制为 %.2f，保留 n 位小数则为 %.nf。

4．要点提示

（1）通过上述程序编写，应该学会用良好的编程风格编写程序。

（2）编写程序时要考虑程序的通用性，需要变化的量尽量不要通过赋值的方式给定，而是通过输入的方式使变量得到当前所需的值（例如，示范任务 2 中对半径 r 的输入）。

（3）从键盘输入数据时，最好先给出提示信息，提示要输入的数据。

（4）输出数据时也应有必要的提示，同时还要设计输出格式，使得人 - 机交互界面简洁、友好。

（5）变量命名要规范，应做到“见名知义”。

（6）程序中要有必要的注释。

【同步任务 2】用 #define 声明一个符号常量 STR 值为“Welcome to C Programming！”，然后在屏幕上输出符号常量 STR 的值。

1．要点提示

1）用 #define 声明字符串符号常量时，不用在符号常量名后面加“[ ]”号。

2）输出字符串用格式控制符“%s”。

2．参考运行结果

```
Welcome to C programming!
```

三、自测题

1．单项选择题

（1）在 C 语言中，下面合法的自定义标识符是（ ）。

A．for　　B．_A　　C．b-a　　D．int

（2）在 C 语言中，标识符的首字符须为（ ）。

A. 字母　　B．下划线　　C. 字母或下划线　　D．数字

（3）在 C 语言中，下面整型常量不合法的是（ ）。

A．-0xfff　　B．0x17　　C．-0xcdf　　D．-0x48eg

（4）在 C 语言中，下面实数常量不合法的是（　）。

A．03e2　　B．123e　　C．1.2e-4　　D．5.e-0

（5）以下几组选项中，均为不合法的用户标识符的是（　）。

A．b-a，goto，double　　B．float，3a0，_A

C．sum，P_0，while　　D．_123，include，INT

（6）若有声明“unsigned short int x；”，变量 x 在内存中占两个字节，其取值范围是（）。

A．0~32767　　B．0~65535

C．–32768~32767　　D．–2147483648~2147483647

（7）在 C 语言中，一个 int 型数据在内存中占（　）字节（32 位机）。

A．1　　B．2　　C．3　　D．4

（8）若要在屏幕上显示信息：I say “Goodbye.”，下面正确的是（　）。

A．printf（“I say” Goodbye.）；

B．printf（“I say” Goodbye. “”）；

C．printf（“I say \” Goodbye.\ “”）；

D．printf（“I say /” Goodbye./ “”）；

（9）下面的常量数据中，字符串常量是（　）。

A．5　　B．5.0　　C．‘5’　　D．“5”

（10）转义字符“\a”的含义是（　）。

A．制表符　　B．响铃　　C．换行　　D．回车

（11）下面不正确的字符串常量是（　）。

A．‘abcs’　　B．“abcs”　　C．“a”　　D．“abc\’ s”

（12）在 C 语言中，数据的输入可以用（　）来完成。

A．printf　　B．scanf　　C．getche（）　　D．getch（）

（13）（　）不是 C 语言的基本数据类型。

A．字符类型　　B．整数类型　　C．单精度精度　　D．布尔类型

（14）下列描述错误的是（　）。

A．printf 输出转义字符“\n”是使光标移到屏幕上的下一行

B．所有变量都要先定义其数据类型后再使用

C．在 C 语言中，变量声明 positIon 和 PoSitioN 是相同的

D．变量声明可以在 C 程序的任何地方

（15）在 C 语言中，自定义的标识符（　）。

A．能使用关键字并且不区分大小写

B．不能使用关键字并且不区分大小写

C．能使用关键字并且区分大小写

D．不能使用关键字并且区分大小写

（16）假定一个字符串的长度为n，则定义存储该字符串的字符数组的长度至少为（ ）。

A．n−1　　B．n　　C．n+1　　D．n+2

（17）以下不正确的叙述是（ ）。

A．一个好的程序应该有详尽的注释

B．若x和y类型相同，在执行了赋值语句“x=y；”后，y中的值将放入x中，y中值不变

C．在程序中所有变量不许先定义后使用

D．当输入数值数据时，对于整型变量只能输入整型值，对于实型变量只能输入实型值。

（18）C语言规定，在一个源程序中，main函数的位置（ ）。

A．必须在最开始　　B．必须在系统调用的库函数的后面

C．可以任意　　D．必须在最后

（19）一个C程序的执行是从（ ）。

A．本程序的main函数开始，到main函数结束

B．本程序文件的第一个函数开始，到本程序文件的最后一个函数结束

C．本程序的main函数开始，到本程序文件的最后一个函数结束

D．本程序文件的第一个函数开始，到本程序main函数结束

（20）下列说法正确的是（ ）。

A．C程序书写格式严格限制，每条语句都要有行号

B．C程序书写格式严格限制，一行内必须写一条语句

C．C程序书写格式自由，一条语句可以分写在多行上

D．以上都不对

2．填空题

（1）在C语言中，输出字符型值的格式控制符是________，输出整型值的格式控制符是________，输出实型值的格式控制符是________。

（2）转义字符序列中的首字符是________字符。

（3）空字符串的长度是________。

（4）执行printf（“%c”，‘A’+2）；语句后得到的输出结果为________。

（5）完成下面的程序的填空，实现程序功能要求。

```
/*****************************************************
 * 源程序名：exercise1_1.cpp                          *
 * 功能：从键盘输入一个整数，然后在屏幕上输出该整数   *
*****************************************************/
```

```
#include <____①____>
void main（）
{
    int x;
  ____②____ ;
  printf（“%d\n”，x）;
}
```

3．程序阅读题

（1）以下程序的运行结果是＿＿＿＿＿＿。

```
# include < stdio.h>
void main（ ）
{
  printf（“This is a hello world”）;
  printf（“program.\n”）;
}
```

（2）以下程序的运行结果是＿＿＿＿＿＿。

```
# include < stdio.h>
#define PI 3.14159
#define R 10
void main（ ）
{
  double a， b;
  a = 2 * R * PI;
  b = R * R * PI;
  printf（“a=%.2f，b=%.2f\n”，a，b）;
}
```

实训 3.2 表达式与表达式语句

（参考学时：2学时）

一、实训目的

（1）掌握C语言基本运算符及其表达式的使用技能。包括算术、赋值、关系、逻辑、强制类型转换、逗号。

（2）掌握表达式中数据类型自动转换的基本使用技能。

（3）掌握C语言基本表达式语句的使用技能。

（4）了解结构体变量的定义和使用。

（5）初步掌握具有“通用”架构的小型处理程序的编制技能。包括输入初值、相关处理输出结果。

二、实训指导

【示范任务1】从键盘输入一个4位整数n=qbsg，从左至右用q、b、s、g表示各位的数字。现要求依次输出从右到左的各位数字，即输出另一个4位数m=gsbq，试设计程序。（实验数据：1234）

1．算法分析

一个4位数如1234，它的千位数q是1，求解的方法是1234/1000，因为两个整数相除结果是取整，所以可求出千位；而它的个位g是4，求解的方法是1234%10，余数恰好是结果；至于百位数b，可以采用先模除再整除的方法，如1234%1000/100得到2；十位数s可以采用同样的方法。程序最终的输出值为g*1000+s*100+b*10+q。

2．编程思路

（1）声明6个整型变量，分别用于存放个位、十位、百位、千位上的数，以及原4位整数和改变后的4位整数。

（2）从键盘读入1个整数，存入代表原4位整数的变量中。

（3）应用整除（/）和模除（%）运算，求得各位上的数。

（4）将各位上的数组合成新的4位数并输出。

3．具体实现

（1）创建工程，并在工程中加入如下源程序代码：

```
/*****************************************************************
* 源程序名：ModelTask3_2_1.cpp                                    *
* 功能：将一个 4 位整数各位上的数字逆序构成新的 4 位整数并输出       *
*****************************************************************/
#include <stdio.h>
void main（）
{
   int g，s，b，q； // 声明 4 个整型变量，分别用于存放个、十、百、千位上的数
   int n，m；   //n 用于存放原 4 位整数，m 用于存放改变后的 4 位整数
   printf（“请输入一个 4 位整数：”）；
   scanf（“%d”，&n）；
   g=n%10；                      // 通过模除 10 得到个位上的数
   q=n/1000；                    // 通过整除 1000 得到千位上的数
   b=n%1000/100；                // 模除 1000 得到低 3 位，再整除 100 得到百位
   s=n%100/10；                  // 模除 100 得到低 2 位，再整除 10 得到十位
   m=g*1000+s*100+b*10+q；       // 各位乘上位权再相加，得到转换后的 4 位整数
   printf（“转换后的 4 位整数是 %d\n”，m）；
}
```

（2）编译、链接、执行。

按 F7 键开始编译链接。编译链接成功后，在工程文件夹下的“Debug”文件夹下生成可执行文件“ModelTask3_2_1.exe”。按 Ctrl+F5 键，开始运行。

（3）参考运行结果如下：

```
请输入一个4位整数：1234
转换后的4位整数：4321
```

4．知识点解析

（1）模除运算（%）要求两个操作数都是整数，一个数模除 n，结果范围为 0~n–1。

（2）两个整数相除，得到的结果是整数。（注：不进行四舍五入。）

（3）求一个整数的各位上的值，通常采用“辗转相除法”。

【同步任务 1】编写程序，输入 3 个实数 a、b、c（假设满足 b^2–4ac>0），求出方程 $ax^2+bx+c=0$ 的两个实根并显示在屏幕上。

1．编程思路

（1）声明 6 个实型变量，分别用于存放系数 a、b、c，判别式 b^2– 4ac，两个实根 x1 和 x2；

（2）从键盘读入 3 个数据，分别给 3 个系数 a、b、c 赋值；

3）根据数学公式求出两个实根并输出。

2．要点提示

（1）程序中要对 b^2-4ac 开平方，可通过使用C++提供的标准库函数sqrt（）来实现。

例：x1=（– b+sqrt（b*b–4*a*c））/（2*a）；

　　x2=（–b – sqrt（b*b–4*a*c））/（2*a）

（2）要使用 sqrt（），必须在程序中包含“math.h”头文件。

使用方法：#include <math.h>

3．参考运行结果

```
请依次输入方程的3个系数：2 6 3
方程的两个根是：-0.633975，-2.36603
```

【示范任务 2】从键盘输入一个字符，如果该字符是大写字母，则输出其对应的小写字母，否则，输出该字符的ASCII码。

1．编程思路

（1）声明2个字符型变量，用于存放从键盘输入的字符和改变后的字符。

（2）采用选择结构进行判断，如果是大写字母，通过ASCII码加32的方法，将其转换成小写字母并输出；否则，直接进行强制类型转换，输出其ASCII码。

2．具体实现

（1）创建工程，并在工程中加入如下源程序代码：

```
/*****************************************************************
* 源程序名：ModelTask3_2_2.cpp                                     *
* 功能：从键盘输入一个字符，如果该字符是大写字母，则输出               *
*       其对应的小写字母，否则，输出该字符的ASCII码。                 *
*****************************************************************/
#include <stdio.h>
void main（）
{
    char chInput，chOutput;        //chInput 用于存放从键盘接收的字符，
                                    //chOutput 用于存放改变后的字符
    printf（“请输入一个字符：”）;
    scanf（“%c”，&chInput）;
    if （chInput>= ‘A’ && chInput<= “Z”）  // 判断如果输入的是大写字母
{
```

```
        chOutput=chInput+32;      // 通过 ASCII 码，将其转换成小写字母
        printf（“字符 %c 对应的小写字母是：%c\n”，chInput，chOutput）；
    }
        else  // 如果输入的不是大写字母，通过强制类型转换，将其 ASCII 输出
    {
        printf（“字符 %c 的 ASCII 码是：%d\n”，chInput，chInput）；
    }
}
```

（2）编译、连接、执行。

按 F7 键开始编译连接。编译链接成功后，在工程文件夹下的“Debug”文件夹下生成可执行文件“ModelTask3_2_2.exe”。按 Ctrl+F5 键，开始运行。

（3）参考运行结果如下：

```
请输入一个字符：D
字符D对应的小写字母是：d
```

```
请输入一个字符：*
字符*的ASCII码是：42
```

3．知识点解析

（1）C 语言中，表示两个条件同时成立，必须使用逻辑与运算符（&&），而不能用数学上的符号。例‘A’<=chInput<=‘Z’是错误的。

（2）if-else 为条件分支语句，当 if 后面括号内的表达式值为真时，执行 if 分支，否则执行 else 分支。

（3）字符型数据是以 ASCII 码形式存储的，输出形式取决于格式控制符（%d 输出整数，%c 输出字符）。

【同步任务 2】从键盘输入一个整数给变量 x，然后判断 x 是否是奇数。若是，则在屏幕上输出：“x 是奇数”；否则在屏幕上输出“x 是偶数”。注：屏幕显示的 x 是变量 x 的值。例：输出“3 是奇数”。）

1．要点提示

判断 x 是偶数的条件是 x%2= =0 为真。

2．参考运行结果

```
请输入一个整数：34
34是偶数
```

```
请输入一个整数：13
13是奇数
```

三、自测题

1．单项选择题

（1）以下运算符中优先级最低的是（　）。

A．!　　B．&&　　C．+　　D．!=

（2）若有声明“char ch;”，下面判断变量“ch”为大写的正确表达式是（　）。

A．‘A’<=ch<=‘Z’　　B．（ch>=‘A’）&（ch<=‘Z’）

C．（ch>=‘A’）&&（ch<=‘Z’）　　D．（‘A’<=ch）||（‘Z’>=ch）

（3）整型变量 i 定义后赋初值的结果是（　）。

int i = 2.8*6；

A．12　　B．16　　C．17　　D．18

（4）下列表达式的值为 false 的是（　）。

A．1<3 && 5<7　　B．!（2>4）

C．3 && 0 && 1　　D．!（5<8）||（2<8）

（5）若有以下定义：

char a；int b；

float c；double d；

则表达式 a*b+d-c*b 值的类型为（　）。

A．float　　B．int　　C．char　　D．double

（6）设 x 和 y 均为 bool 类型，则 x&&y 为真的条件是（　）。

A．它们均为真　　B．其中一个为真

C．它们均为假　　D．其中一个为假

（7）若有 int a；则表达式语句 a+=a-=a*a；等价于下列哪组表达式语句（　）。

A．a+a；a*a；　　B．a=a+a；a=a-a*a；

C．a=a+a-a*a；　　D．a=a-a*a；a=a+a；

（8）以下程序的输出结果是（　）。

```
void main（）
{
  int a=12，b=12；
  printf（“%d %d”，--a，++b）；
}
```

A．10 10　　B．12 12　　C．11 10　　D．11 13

（9）表达式 4 || 3 || 2 || 1 的值为（　）。

A．1　　B．2　　C．3　　D．4

（10）定义如下变量：int i =2；int j =3；，则 i/j 的结果为（　）。

A．0.66667　　B．0　　C．0.7　　D．0.66666666…

（11）设变量 x 为 float 型且已赋值，则以下语句中能将 x 中的数值保留到小数点后两位，并将第 3 位四舍五入的是（　）。

A．x=x*100+0.5/100.0；　　B．x=（x*100+0.5）/100.0；

C．x=（int）（x*100+0.5）/100.0；　　D．x=（x/100+0.5）*100.0；

（12）以下选项中，与 k=n++ 完全等价的表达式是（　）。

A．k=n，n=n+1　　B．n=n+1，k=n　　C.k=++n　　D.k+=n+1

（13）请从以下表达式中选出当 a 为奇数时值是 1 的表达式（　）。

A．a%2= =0　　B．a%2　　C．a%2-1 ！ =0　　D．a/2*2-a= =0

2．填空题

（1）若有声明：“int a=1，b=2，c=3；”，则表达式“c=a>b”的值是____________。

（2）若有声明：“int a=10，c=9；”，则表达式“–a ！ =c++”的值是___________。

（3）若有声明：“double x=4.5，y=2.1；”，则表达式“int（x）+int（y）”的值是 _________。

（4）填入运算符，完成表达式“（x>=90）_______（y>=90）”的构造，满足当整型变量 x 和 y 均大于 90 时，表达式值为真。

（5）填入运算符，完成表达式“（i_____1）%4”的构造，满足当整型变量 i 的值为 0、1、2、3、4……时，表达式的值为 1、2、3、0、1、2、3、0……。

（6）数据‘5’是一个 ___________ 类型的常量。

3．程序阅读题

（1）以下程序的运行结果是 ____________。

```
# include <stdio.h>
void main（）
{
  int x = 48；
  printf（“%c，%c”，char（x），char（x+1））；
}
```

（2）以下程序的运行结果是 ____________。

```
# include <stdio.h>
void main （）
{
```

```
    int x=10;
    printf（“%d\n”， x%3= =0）;
}
```

（3）以下程序的运行结果是 ____________。

```
# include <stdio.h>
void main（）
{
    int x=10， y=20， z=30;
    z = x ！ = y;
    printf（“%d\n”，z）;
}
```

（4）以下程序的运行结果是 ____________。

```
#include <stdio.h>
void main（）
{
    char c1， c2;
    c1= “a”;
    c2= “b”;
    c1=c1-32;
    c2=c2-32;
    printf（“%c%c\n”， c1， c2）;
}
```

（5）以下程序的运行结果是 ____________。

```
#include <stdio.h>
void main（）
{
float x; int i;
x=3.6;
i=（int）x;
printf（“x=%f， i=%d\n”， x， i）;
}
```

（6）以下程序的运行结果是 ____________。

```
#include <stdio.h>
void main（）
```

```
{
    int i， j， m， n；
    i=8；
    j=10；
    m=++i；
    n=j++；
    printf（“%d，%d，%d，%d”，i，j，m，n）；
}
```

4．编程题

（1）编写程序实现：从键盘输入两个整数。如果这两个整数相等，输出 1；否则输出 0。

（2）编写程序实现：从键盘输入一位学生的两门课程的成绩。若两门成绩都大于等于 85 分，输出“真棒！”；否则，输出“加油！”。

实训 3.3 结构体与枚举类型

（参考学时：2学时）

一、实训目的

（1）掌握结构体变量的定义和基本使用方法。

（2）掌握枚举类型的基本使用方法。

二、实训指导

【示范任务 1】有 2 个学生，每个学生的数据包括学号、姓名、性别、年龄，从键盘输入 2 个学生的数据，输出年龄较大的学生的信息。

1．编程思路

（1）定义“学生”结构体类型。

（2）声明 3 个“学生”结构体变量 s1、s2、s，分别代表 2 个学生和年龄较大学生。

（3）输入 2 个学生的信息。

（4）采用选择结构进行判断，如果第 1 个学生 s1 的年龄比第 2 个学生 s2 的年龄大，s=s1；否则，s=s2。

（5）输出 s 代表的学生信息。

2．具体实现

（1）创建工程，并在工程中加入如下源程序代码：

```
/****************************************************************
* 源程序名：ModelTask3_3_1.cpp                                   *
* 功能：有 2 个学生，每个学生的数据包括学号、姓名、性别、年龄，  *
*        从键盘输入 2 个学生的数据，输出年龄较大的学生的信息。   *
****************************************************************/
#include <stdio.h>
typedef struct          // 定义“学生”结构体数据类型，类型名称为 STUDENT
{
    char num[10];           // 学号，最多 9 个字符的字符串
    char name[10];          // 姓名，最多 9 个字符的字符串
    char sex[3];            // 性别，最多 2 个字符的字符串
```

```
    int age;                    // 年龄，整型数
}STUDENT;

void main（）
{
    STUDENT s1，s2，s; //s1、s2 代表 2 个学生，s 代表年龄较大的学生
    printf（“请顺序输入第 1 个学生的学号、姓名、性别、年龄信息：\n”）；
    scanf（“%s%s%s%d”，s1.num，s1.name，s1.sex，&s1.age）；// 输入 s1

    printf（“请顺序输入第 2 个学生的学号、姓名、性别、年龄信息：\n”）；
    scanf（“%s%s%s%d”，s2.num，s2.name，s2.sex，&s2.age）；// 输入 s2

    if（s1.age>s2.age）                // 求年龄较大的学生
    s=s1;
    else
    s=s2;
    printf（“年龄较大的学生的信息：\n”）；
    printf（“学号：%s\t 姓名：%s\t 性别：%s\t 年龄：%d\n”，
    s.num，s.name，s.sex，s.age）；
}
```

（2）编译、链接、执行。

按 F7 键开始编译链接。编译链接成功后，在工程文件夹下的“Debug”文件夹下生成可执行文件“ModelTask3_3_1.exe”。按 Ctrl+F5 键，开始运行。

（3）参考运行结果如下：

```
请顺序输入第 1 个学生的学号、姓名、性别、年龄信息：
20220101  王丽  女 18
请顺序输入第2个学生的学号、姓名、性别、年龄信息：
20220102  张明  男 18
年龄较大的学生的信息：
学号：20220102  姓名：张明        性别：男        年龄：18
```

3．知识点解析

（1）C 语言中，字符串型数据需要用字符数组存放。字符数组的定义格式为：

char 数组名 [元素个数]；

如 ModelTask3_3_1.cpp 中的

```
char num[10];              //学号，最多9个字符的字符串
char name[10];             //姓名，最多9个字符的字符串
char sex[3];               //性别，最多2个字符的字符串
```

（2）C语言中可以使用scanf（“%s”，s1.num）；的形式将一个字符串常量赋值给一个字符数组，也可以使用printf（“%s”，s1.num）；的形式输出字符数组的内容。

（3）由于C语言中字符串都以‘\0’字符结束，因此在定义字符数组时，元素个数要比实际存放的字符串长度多1。

【同步任务1】输入2本书的信息（包括书名、作者和价格），数据价格较高的书的书名及两本书的总价格。

1．编程思路

（1）定义“书”结构体类型。

（2）声明3个“书”结构体变量b1、b2、b，分别代表2本书和价格较高的书。

（3）输入2本书的信息。

（4）采用选择结构进行判断，如果第1本书b1的价格比第2本书b2的价格高，b=b1；否则，b=b2。

（5）输出b代表的书名以及b1和b2两本书的总价格。

2．参考运行结果

```
请顺序输入第1本书的书名、作者、价格信息：红楼梦 曹雪芹 28.3
请顺序输入第2本书的书名、作者、价格信息：三国演义 罗贯中 22
价格较高的书名：红楼梦
两本书的总价格：50.3
```

【示范任务2】定义一个代表“星期”的枚举类型并声明相应的变量。从键盘输入一个代表星期的整数赋给该枚举变量，如果该枚举变量值是Saturday或Sunday，输出“今天要工作！”；否则输出“今天我休息！”。

1．编程思路

（1）定义“星期”枚举类型weekday。

（2）声明1个weekday枚举变量wd及整型变量num。

（3）输入1个代表星期的整型值num。

（4）将num值赋给变量wd。

（5）采用选择结构进行判断，如果wd的值不是Saturday或Sunday，输出“今天要工作！”；否则输出“今天我休息！”。

2．具体实现

（1）创建工程，并在工程中加入如下源程序代码：

```
/*****************************************************************
* 源程序名：ModelTask3_3_2.cpp                                    *
* 功能：定义一个代表“星期”的枚举类型并声明相应的变量。           *
*       从键盘输入一个代表星期的整数赋给该枚举变量，如            *
*       果该枚举变量值是 Saturday 或 Sunday，输出“今天我          *
*       休息！”；否则输出“今天要工作！”。                         *
*****************************************************************/
#include <stdio.h>
enum weekday  // 定义“星期”枚举类型 weekday
{
    Sunday，
    Monday，
    Tuesday，
    Wednesday，
    Thursday，
    Friday，
    Saturday
};
void main（）
{
    weekday wd;              // 定义 weekday 枚举变量 wd
    int num;
    printf(“请输入一个代表星期的数字(0代表周日，1至6代表周一至周六)：”);
    scanf（“%d”，&num）；
    wd=（weekday）num;

if（wd<Saturday && wd>Sunday）
        printf（“今天要工作！ \n”）；
else
        printf（“今天我休息！ \n”）；
}
```

（2）编译、链接、执行。

按 F7 键开始编译链接。编译链接成功后，在工程文件夹下的“Debug”文件夹下生成可执行文件“ModelTask3_3_2.exe”。按 Ctrl+F5 键，开始运行。

（3）参考运行结果如下：

```
请输入一个代表星期的数字<0代表周日，1至6代表周一至周六>：4
今天要工作！
```

```
请输入一个代表星期的数字<0代表周日，1至6代表周一至周六>：6
今天我休息！
```

3．知识点解析

（1）由于 scanf 函数不能直接给枚举类型变量赋值，所以上述代码中需要定义一个整型变量 num，用来接收用户输入的一个代表星期的整型值，然后再将该整型值赋给枚举类型变量。

（2）由于不能直接给一个枚举变量赋一个整数，因此需要经过强制类型转换后才可以实现赋值（如 ModelTask3_3_2.cpp 中的“wd=（weekday）num；”语句）。

【同步任务 2】 请用枚举类型表示 1 年的 12 个月份，然后根据用户输入的月份输出该月份的天数。

1．编程思路

（1）定义“月份”枚举类型 Month。

（2）声明 1 个 Month 枚举变量 m 及整型变量 month。

（3）输入 1 个代表月份的整型值 month。

（4）将 month 值赋给变量 m。

（5）采用多分支结构进行判断，如果 m 的值是 1、3、5、7、8、10、12 月份的枚举值，输出 m“月有 31 天”；如果 m 值是 4、6、9、11 月份的枚举值，输出 m“月有 30 天”；如果 m 是 2 月份的枚举值，输出“2 月闰年 29 天，否则 28 天”。

2．参考运行结果

```
请输入一个代表月份的数字（1-12）：7
7月有31天
```

```
请输入一个代表月份的数字（1-12）：11
11月有30天
```

```
请输入一个代表月份的数字（1-12）：2
2月闰年29天，否则28天
```

3．知识点解析

if-else 为多分支语句，当 if 后面括号内的表达式值为真时，执行 if 分支，否则当 else if 分支后面括号内的表达式值为真时，执行 else if 分支（该分支可以有多个），否则执行 else 后面的分支。

三、自测题

1．单项选择题

（1）下面对枚举类型的描述正确的是（　）。

A．枚举类型的定义为 enum {Monday，Tuesday，Wednesday，Thursday，Friday} Day；

B．在 C 语言中，用户自定义的枚举类型的第一个常量的默认值是 1

C．可以定义如下枚举类型：enum（Monday，Tuesday，Wednesday=5，Thursday，Friday=5）；

D．以上说法都不正确

（2）定义如下枚举类型：enum Day {Monday，Tuesday，Wednesday，Thursday，Friday=2}；，则下列语句正确的是（　）。

A．表达式 Wednesday= =Friday 的值是 true

B．Day day；　day=3；

C．Day day；　day=Monday+3；

D．Day day；　day=Monday+10；

（3）以下关于枚举的叙述不正确的是（　）。

A．枚举变量只能取对应枚举类型的枚举元素表中的元素

B．可以在定义枚举类型时对枚举元素进行初始化

C．枚举元素表中的元素有先后次序，可以进行比较

D．枚举元素的值可以是整数或字符串

（4）设有如下说明语句：

struct ex{ int x；　float y；char z；} example；

则下面的叙述中不正确的是（　）。

A．struct 是结构体类型的关键字

B．example 是结构体类型名

C．x、y、z 都是结构体成员名

D．struct ex 是结构体类型

（5）下列对结构体及其变量定义错误的是（　）。

A．struct MyStruct
```
{
    int num;
    char ch;
};
```

B．struct MyStruct
```
    {
nt num;
char ch;
    } My;
```

C．struct
```
{
```

D．struct
```
{
```

```
    int num;                                  int num;
    char ch;                                  char ch;
}My;                                      };
```

（6）在声明一个结构体类型时，系统分配给它的存储空间是（ ）。

A．该结构体类型中第一个成员所需存储空间

B．该结构体类型中最后一个成员所需存储空间

C．该结构体类型中所有成员所需存储空间的总和

D．结构体类型本身并不占用存储空间，即系统并不给结构体类型分配存储空间

（7）在定义一个结构体变量时，系统分配给它的存储空间是（ ）。

A．该结构体变量中第一个成员所需存储空间

B．该结构体变量中最后一个成员所需存储空间

C．该结构体变量中所有成员所需存储空间的总和

D．该结构体变量中占用最大存储空间的成员所需存储空间

（8）下列说法正确的是（ ）。

A．结构体类型的每个成员的数据类型必须是基本数据类型

B．结构体类型的每个成员的数据类型都相同，这一点与数组一样

C．在声明结构体类型时，其成员的数据类型不能是结构体本身

D．以上说法都不对

（9）设有以下说明语句，则下述中正确的是（ ）。

```
typedef struct
{
    int n;
    char ch[8];
}PER;
```

A．PER 是结构体变量名　　　　B．PER 是结构体类型名

C．typedef struct 是结构体类型　　　　D．struct 是结构体类型名

（10）以下关于 typedef 的叙述不正确的是（ ）。

A．用 typedef 可以定义各种类型名，但不能用来定义变量

B．用 typedef 可以增加新的类型

C．用 typedef 只是将已存在的类型用一个新的名称来代表

D．使用 typedef 便于程序的通用

2．程序阅读题

（1）以下程序的运行结果是____________。

```
#include <stdio.h>
```

```
void main（ ）
{
    enum Color {Red，White，Blue}；
    Color color；
    color = Red；
    printf（“%d，”，color）；
    color = White；
    printf（“%d，”，color）；
    color = Blue；
    printf（“%d，”，color）；
    printf（“%d\n”，Red + White + Blue）；
}
```

（2）以下程序的运行结果是 ____________。

```
#include <stdio.h>
#include <string.h>
struct MyStruct
{
    int num；
    char str[10]；
}；
void main （ ）
{
    struct MyStruct my；
    my.num=100；
    strcpy（my.str，“Hello”）；
    printf（“The num of my is %d\n”，my.num）；
    printf（“The str of my is %s\n”，my.str）；
}
```

第4章　程序结构与流程控制语句

实训　4.1 if 语句

（参考学时：2学时）

一、实训目的

（1）熟练掌握if语句的使用格式。包括单分支、双分支和多分支结构。

（2）初步掌握使用标准数学库函数完成所需计算的方法。

（3）熟练掌握编写简单程序的基本“构架”（输入初值→相关处理→输出结果）。

（4）熟练掌握使用if语句编制选择结构应用程序的基本技能。

二、实训指导

【示范任务1】从键盘输入一个3位整数，编写程序实现判断该数是否为水仙花数，如果是，输出“n是水仙花数”，否则输出“n不是水仙花数”。注：屏幕显示的n是变量n的值。例：输出“153是水仙花数”。要求程序要有容错处理。

●注释

如果一个3位数的个位数、十位数和百位数的立方和等于该数自身，则称该数为水仙花数。

1．编程思路

（1）定义4个整型变量n、g、s、b，分别用于存放从键盘输入的3位整数，该数的个位、十位、百位上的数。

（2）从键盘接收一个整数，存入变量n中。

（3）应用整除（/）和模除（%）运算，求得各位上的数并存入变量g、s、b中。

（4）判断n与g、s、b的立方和是否相等，并根据判断结果输出该数是否为水仙花数。

2．具体实现

（1）创建工程，并在工程中加入如下源程序代码：

```
/***********************************************************************
* 源程序名：ModelTask4_1_1.cpp                                          *
* 功能：判断一个 3 位整数是否是水仙花数                                    *
***********************************************************************/
#include <stdio.h>
void main（）
{
    int n，g，s，b；// 分别用于存放从键盘输入的 3 位整数和该整数各位上的数
    printf（“请输入一个 3 位整数：”）；
    scanf（“%d”，&n）；
    if （n>=100 && n<=999）// 表达式值为真，是 3 位整数，实现容错处理
    {
        g=n%10；          // 取个位上的数
        s=n/10%10；       // 取十位上的数
        b=n/100；         // 取百位上的数
        if （n==g*g*g+s*s*s+b*b*b）// 满足水仙花数条件
            printf（“%d 是水仙花数。\n”，n）；
        else
            printf（“%d 不是水仙花数。\n”，n）；
}
else
        printf（“您输入的不是 3 位整数！ \n”）；
}
```

（2）参考运行结果如下：

```
请输入一个3位整数：153
153是水仙花数。
```

```
请输入一个3位整数：456
456不是水仙花数。
```

```
请输入一个3位整数：4567
您输入的不是3位整数！
```

3．知识点解析

（1）一个“好”的程序通常要有容错处理。容错处理是指在进行非法操作时，系统能够给出相应的提示和处理的技术。

（2）注意比较运算符“＝＝”和赋值运算符“＝”的区别。

（3）if 和 else 的配对原则：else 与离其最近的、未配对的 if 进行匹配。

（4）求一个整数的各位上的值，通常采用“辗转相除法”，即交替运用整除（/）和模除（%）运算。

【同步任务1】 从键盘输入三角形的3条边，计算并输出三角形的面积。若输入的3个整数不能构成三角形，应有相应的容错处理。

1．编程思路

（1）声明3个整型变量和2个实型变量，分别用于存放三角形3条边、3边和的一半、三角形面积。

（2）从键盘读入3个整数，分别给3条边赋值。

（3）如果输入的3条边能构成三角形，根据海伦公式求出三角形面积并输出；否则，输出相应的提示信息。

2．要点提示

（1）已知三角形3条边a，b，c，求三角形面积S的公式（海伦公式）：

$S=\sqrt{s(s-a)(s-b)(s-c)}$，其中，s=（a+b+c）/2。

（2）求平方根可通过使用标准数学库函数sqrt（）来实现。要使用sqrt（）函数，必须包含“math.h”头文件。

（3）两个整数进行运算得到的结果仍是整数。因此，求3条边和一半的算术表达式应写成：s=（a+b+c）/2.0。

3．参考运行结果

```
请输入三角形的3条边：3 4 5
三角形的面积是：6
```

```
请输入三角形的3条边：1 1 3
您输入的三边不能构成三角形.
```

【提高任务1】 从键盘任意输入3个整数分别存入变量a、b、c中，请按照变量a、b、c的先后次序输出这3个变量的值，并使输出结果由小到大排序。

1．要点提示

（1）依题意，变量a中最终应存放最小值，变量c中最终应存放最大值。

（2）交换2个变量的值，应借助第3个变量。

（3）控制输出变量所占域宽可使用setw（）函数，此时需包含iomanip.h头文件。

2．参考运行结果

```
请输入3个整数：897
这3个整数由小到大为： 7 8 9
```

【示范任务2】 从键盘输入一个字符，判断该字符是数字字符、字母字符还是其他字符，输出相应的提示信息。

1．编程思路

（1）定义一个字符型变量ch，用于存放从键盘输入的字符。

（2）从键盘接收一个字符，存入变量ch中。

（3）采用多分去选择结构进行判断，并根据判断结果输出相应的提示信息。

2．具体实现

（1）创建工程，并在工程中加入如下源程序代码：

```
/*********************************************************************
* 源程序名：ModelTask4_1_2.cpp                                          *
* 功能：判断字符的类型，并输出相应的提示信息。                          *
*********************************************************************/
#include <stdio.h>
void main（）
{
char ch；// 用于存放从键盘输入的字符
printf（“请输入一个字符：”）；
scanf（“%c”，&ch）；
if（ch>=‘0’ && ch<=‘9’）// 数字字符
      printf（“该字符是数字字符！\n”）；；
else if（ch>=‘a’ && ch<=‘z’||ch>=‘A’ && ch<=‘Z’）// 字母字符
      printf（“该字符是字母字符！\n”）；
else // 其他字符
      printf（“该字符是数字、字母外的其他字符！\n”）；
}
```

（2）参考运行结果如下：

```
请输入一个字符：5
该字符是数字字符！
```

```
请输入一个字符：C
该字符是字母字符！
```

```
请输入一个字符：#
该字符是数字、字母外的其他字符！
```

3．知识点解析

（1）判断一个字符的类别，可以用字符常量和字符的 ASCII 码两种方法。例：判断一个字符是否为数字字符，可以用表达式 ch>=‘0’ && ch<=‘9’或 ch>=48 && ch<=57。

（2）C 语言区分大小写，并且英文字母的 ASCII 码并不是连续的，所以判断一个字符是否为字母字符不可以用表达式 ch>=‘A’ && ch<=‘z’或 ch>=65 && ch<=122。

【同步任务 2】设计一个程序，实现下列分段函数：

$$y=\begin{cases} -x+3.5 & (x<5) \\ 20-3.5(x+3)^2 & (5\leqslant x<10) \\ \dfrac{x}{2}-3.5+\sin(x) & (x\geqslant 10) \end{cases}$$

1．算法流程

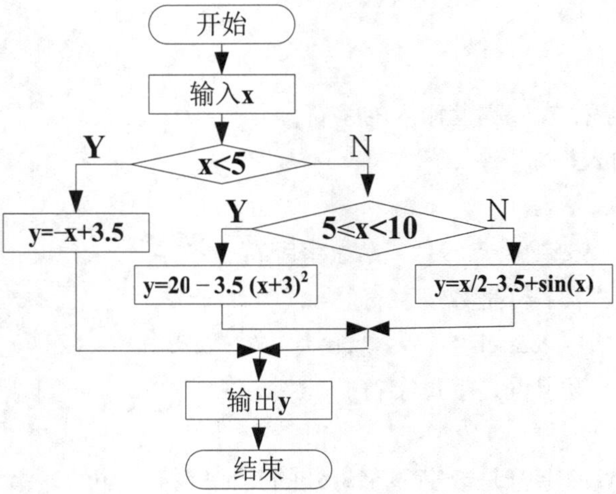

图4-1　分段函数流程图

2．要点提示

（1）求 x 的正弦值可使用标准数学库函数 sin（x）。

（2）可使用多分支 if 语句或 if 语句的嵌套实现该问题。

3．参考运行结果

```
请输入 x：  4
y ＝0.5
```

```
请输入 x：8.5
y ＝-442.875
```

```
请输入 x：  10
y ＝0.955979
```

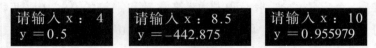

【提高任务 2】从键盘输入三角形的 3 条边，如果能构成三角形，判断是何种三角形并求解、输出其面积；如果不能构成三角形，输出相应提示信息。

1．要点提示

（1）三角形类别包括等边三角形、等腰三角形、直角三角形、一般三角形。

（2）三角形的 3 条边可以为实数。

（3）因为等边三角形是特殊的等腰三角形，所以在多分支选择结构中对等边三角形的判断要放在对等腰三角形的判断之前。

2. 参考运行结果

```
请输入三角形的3条边：3.5 3.5 3.5
该三角形是等边三角形！面积是：5.30441
```

```
请输入三角形的3条边：3.5 4.5 3.5
该三角形是等腰三角形！面积是：6.03214
```

```
请输入三角形的3条边：3.0 5.0 4.0
该三角形是直角三角形！面积是：6
```

```
请输入三角形的3条边：3.5 5.0 4.0
该三角形是直角三角形！面积是：6
```

```
请输入三角形的3条边：1.3 1.2 3.6
您输入的三边不能构成三角形！
```

三、自测题

1. 单项选择题

（1）C 语言中，对嵌套 if 语句的规定是：else 总是与（　）配对。

A. 其之前最近的 if　　　　B. 第一个 if

C. 缩进位置相同的 if　　　　D. 其之前最近且不带 else 的 if

（2）以下不正确的 if 语句形式是（　）。

A. if（x>y）；

B. if（x= =y）x+=y;

C. if（x！ =y）putchar（‘N’）else putchar（‘Y’）；

D. if（x=y）{x++；y++；}

（3）已知 int x=3，y=2，z=1；执行以下语句后，x，y，z 的值是（　）。

if（x>y）z=x；x=y；y=z;

A. x=3，y=2，z=1　　　　B. x=2，y=3，z=3

C. x=1，y=2，z=3　　　　D. x=2，y=3，z=1

4）以下 if 语句语法正确的是（　）。

A. if（x>0）printf（“%d”，x）else printf（“%d”，–x）；

B. if（x>0）{x=x+y；printf（“%d”，x）；}else printf（“%d”，–x）；

C. if（x>0）{x=x+y；printf（“%d”，x）；}；else printf（“%d”，–x）；

D. if（x>0）{x=x+y；printf（“%d”，x）}else printf（“%d”，–x）；

（5）对下面程序段，说法正确的是（　）。

int a=5，b=1，c=2;

if（a=b+c）printf（“***\n”）；

else printf（“###\n”）；

A. 有语法错误不能通过编译　　　　B. 可以通过编译但不能通过链接

C. 输出 ***　　　　D. 输出 ###

（6）判断字符型变量 ch 为大写字母的表达式是（　）。

A. ‘A’ <=ch<= ‘Z’　　B.（ch>= ‘A’ ）&（ch<= ‘Z’ ）

C. （ch>= ‘A’ ）&&（ch<= ‘Z’ ）　　D.（ch>= ‘A’ ）AND（ch<= ‘Z’ ）

（7）能正确表示 a>=10 或 a<=0 的关系表达式是（　）。

A．a>=10 or a<=0　　B．a>=10 | a<=0

C．a>=10 && a<=0　　D．a>=10 | | a<=0

（8）在 C 的 if 语句中，可用作判断的表达式是（　）。

A．关系表达式　　B．逻辑表达式

C．算术表达式　　D．任意表达式

（9）为了表示关系 x>=y>=z，应使用 C 语言表达式（　）。

A. （x>=y）&&（y>=z）　　B. （x>=y）AND（y>=z）

C. （x>=y>=z）　　D. （x>=y）&（y>=z）

（10）若欲表示在 if 后 a 不等于 0 的关系，则能够正确表示这一关系的表达式为（　）。

A．a<>0　　B．！　a　　C．a=0　　D．a

2．程序阅读题

（1）以下程序的运行结果是 ______。

```
# include <stdio.h>
void main（ ）
{
    int m=5;
    if （m++ >5）
        printf（“%d\n”，m）;
    else
        printf（“%d\n”，m--）;
}
```

（2）以下程序的运行结果是 ______。

```
# include <stdio.h>
void main（ ）
{
    int a=1，x=2，y=3，t=1，f=0;
    if（x<y）
      if（y ！ =10）
        if（！ t）a=1;
        else
```

```
            if（f）a=10；
    a = −1；
    printf（“%d\n”，a）；
}
```

（3）以下程序的运行结果是 ______。

```
# include <stdio.h>
void main（）
{
    int a=3，b=4，s；
    s = a；
    if（a<b）s=b；
        s = s*4；
    printf（“%d\n”，s）；
}
```

（4）以下程序的运行结果是 ______。

```
# include <stdio.h>
void main（）
{
    if（2*2 = = 5 < 2*2 = = 4 ）
        printf（“T\n”）；
    else
        printf（“F\n”）；
}
```

（5）以下程序的运行结果是 ______。

```
#include <stdio.h>
void main（）
{
    int a=1，b=3，c=5，d=4，x；
    if（a<b）
    if（c<d）x=1；
    else
    if（a<c）
        if（b<d）x=2；
        else x=3；
```

```
            else
                x=6；
        else
            x=7；
        printf（“%d\n”，x）；
}
```

（6）以下程序的运行结果是 ______。

```
#include <stdio.h>
void main（）
{
        int x=2，y=-1，z=3；
        if（x<y）
            if（y<0）z=0；
            else z+=1；
        printf（“%d\n”，z）；
}
```

3．编程题

（1）编写程序实现：从键盘输入一个整数，判断它能否被 3、5、7 整除，在屏幕上输出判断的结果信息（例，键盘输入 15，屏幕输出 3 5）。若均不能被整除，则输出提示信息：“均不能被整除”（例，键盘输入 16，屏幕输出“均不能被整除”）。

（2）编写程序实现：从键盘输入一个 4 位正整数 n，求出与其反序数 x 之和并输出。例如：输入 1234，输出应为 n+x=1234+4321=5555。

实训　4.2 switch语句

（参考学时：2学时）

一、实训目的

（1）熟练掌握 switch 语句的使用格式。

（2）初步掌握 break 语句的功能及其使用方法。

（3）熟练掌握使用 switch 语句编制选择结构应用程序的基本技能。

（4）熟练掌握复合语句的使用技能。

二、实训指导

【示范任务 1】 在屏幕上输出提示信息“请输入一个字符（a/A/s/S/m/M/d/D）：”，然后从键盘输入一个字符，如果字符为“A”或“a”，则在屏幕上显示“Addition”；如果字符为“S”或“s”，则在屏幕上显示“Subtration”；如果字符为“M”或“m”，则在屏幕上显示“Multiplication”；如果字符为“D”或“d”，则在屏幕上显示“Division”；否则在屏幕上显示“输错了！”。

1．编程思路

（1）定义一个字符型变量 ch，用于存放从键盘接收的字符；

（2）从键盘读入一个字符，存入变量 ch 中；

（3）如果是小写字母，将其转换为对应的大写字母并存回变量 ch 中（为方便后面的判断）；

（4）根据对变量 ch 中字符的判断，输出相应的提示信息。

2．具体实现

（1）创建工程，并在工程中加入如下源程序代码：

```
/*********************************************************************
* 源程序名：ModelTask4_2_1.cpp                                        *
* 功能：用 switch 语句实现根据输入的字符输出相应的提示信息              *
*********************************************************************/
#include <stdio.h>
```

```
void main（）
{
    char ch；
    printf（“请输入一个字符（a/A/s/S/m/M/d/D）：”）；
    scanf（“%c”，&ch）；
    if（ch>=‘a’&& ch<=‘z’）              // 实现小写字母转换为大写字母
      ch=ch-32；
    switch（ch）
    {
    case‘A’：
        printf（“Addition\n”）；
        break；     //break 的作用是当执行某个分支后就跳出 switch 语句
    case‘S’：
        printf（“Subtration\n”）；
        break；
    case‘M’：
        printf（“Multiplication\n”）；
        break；
    case‘D’：
        printf（“Division\n”）；
        break；
    default：
        printf（“输错了！\n”）；
    }
}
```

（2）参考运行结果如下：

```
请输入一个字符（a/As/m/d）D：s
Subtration
```

```
请输入一个字符（a/A/s/S/m/d/D）：s
Subtration
```

```
请输入一个字符（a/A/s/S/m/M/d/D）#
Subtration
```

3．知识点解析

（1）常用程序分析思路。

① 需要用到几个变量；

② 变量的值是从哪来的（从键盘输入、赋初值或者在程序中通过运算求得）；

③ 主要用什么结构（顺序、选择或循环）；

④ 题目要求（屏幕输出或返回值）。

把上述 4 步对应成相应的语句，即可实现题目要求。

（2）使用 switch 语句时，构造用于条件判断的表达式很重要，此处的表达式的值可以是整型、字符型和枚举型。

（3）case 只是进入 switch 语句的一个入口，当 switch 后的表达式的值与哪个 case 后的常量表达式的值相等，就进入 switch 语句，并从上至下依次执行各条语句。如果想在执行完一个分支后就跳出 switch 语句，必须在该分支加上 break 语句。

（4）也可分别判断大小写字母，但这种做法比较麻烦。

【同步任务 1】从键盘读入两个运算数（data1 和 data2）及一个运算符（op），计算表达式 data1 op data2 的值。其中，op 可为＋，－，*，/。要求要有相应的容错处理。

1．编程思路

（1）声明 3 个实型变量 data1、data2、result，分别用于存放两个操作数和运算结果；声明一个字符型变量 op，用于存放输入的操作符。

（2）从键盘读入 2 个操作数和 1 个操作符。

（3）根据操作符计算出运算结果或给出相应提示信息。

（4）输出运算结果。

2．要点提示

（1）应根据输入的字符进行判断要执行的哪种运算，因此 switch 后的表达式应是字符型变量 op。

（2）容错处理有两处：一是对非法操作符的处理；一是当进行除法运算（/）时，除数不能为 0。

（3）若想在程序的任意处结束程序的执行，可在此处加上 return 语句。

3．参考运行结果

```
请按data1 op data2的格式输入：3/4
3/4=0.75
```

```
请按data1 op data2的格式输入：3#4
您输入的不是合法的四则运算符！
```

【提高任务 1】计算并输出给定的某年某月有多少天。

1．要点提示

（1）应根据月份进行判断。对 2 月，注意判断是否为闰年。

（2）多个 case 可以共用一组语句。

（3）对输入的月份不在 1~12 范围内时，应有容错处理。

2．参考运行结果

```
请依序输入年和月份：2007 10
2007年10月有31天。
```

```
请依序输入年和月份：2008 K
输入有误！
```

```
请依序输入年和月份：2007 2
2007年2月有28天。
```

```
请依序输入年和月份：2008 2
2008年2月有29天。
```

【示范任务 2】从键盘输入奖金数，按照如下奖金税率计算并输出实得奖金数（如表 4–1 所示）。

表4–1　奖金和税率

奖金 a	税率 r（%）	奖金 a	税率 r（%）
a < 500	0	2000 ≤ a<3000	10
500 ≤ a<1000	5	3000 ≤ a<5000	12
100 ≤ a<2000	8	5000 ≤ a	15

1．编程思路

（1）定义 3 个实型变量 a、r、b，分别代表奖金、税率、实得奖金数。

（2）从键盘读入奖金数，存入变量 a 中。

（3）构造表达式 int（a/500），并根据表达式的值得到应缴税率。

（4）根据奖金数税率计算得到实得奖金数 b，并将其输出。

2．具体实现

（1）创建工程，并在工程中加入如下源程序代码：

```
/*****************************************************************
*  源程序名：ModelTask4_2_2.cpp                                    *
*  功能：用 switch 语句实现实得奖金数计算。                          *
*****************************************************************/
#include <stdio.h>
void main（）
{
      float a，r，b；  // 分别表示奖金数、税率、实得奖金数
      printf（“请输入奖金数：”）；
      scanf（“%f”，&a）；
      switch（int（a/500））   // 构造表达式
      {
      case 0：
```

```
        r=0；break；
    case 1：
        r=5；break；
    case 2：case 3：      // 多个 case 可共用一组语句
        r=8；break；
    case 4：case 5：
        r=10；break；
    case 6：case 7：case 8：case 9：
        r=12；break；
    default：
        r=15；
    }
    b=a*（1-r/100）；   // 求出实得奖金数
    printf（“实得奖金为：%.0f\n”，b）；
}
```

（2）参考运行结果如下：

```
请输入奖金数：400
实得奖金为：400
```

```
请输入奖金数：1600
实得奖金为：1472
```

```
请输入奖金数：6000
实得奖金为：5100
```

3．知识点解析

（1）switch 语句中，表达式的值应为整型、字符型和枚举型，因此用强制类型转换将表达式 a/500 的值转换成整型。

（2）实得奖金数的计算和输出，也可在每个 case 分支中实现。但不提倡使用这种方法，一是降低了程序的可读性，二是书写麻烦。

（3）多个 case 可以共用一组语句。

【同步任务 2】从键盘读入任意整数 x 的值（如表 4-2 所示），根据下列函数关系，计算并输出相应的 y 值。

表4-2　x和y函数关系

x	y
x<0	0
0 ≤ x<10	x
10 ≤ x<20	10
20 ≤ x<40	-x+20
x ≥ 40	20

1．编程思路

（1）声明2个实型变量x、y，用于存放输入值和结果。

（2）声明1个整型变量n，用于存放表达式的值。

（3）从键盘读入x。

（4）如果x<0，令n=−1，否则令n=x/10。

（5）根据x值求出y值。

（6）输出y值。

2．要点提示

（1）使用switch语句时，表达式的取值必须是有限的或可归为一类。

（2）在x<0时，表达式x/10的值可能有多种情况，不可能一一列出。观察其值有一个共同特点即小于0，因此在switch语句前先进行处理，将其值置为−1。

3．参考运行结果

```
请输入x：-20
y=0
```

```
请输入x：5
y=5
```

```
请输入x：30
y=-10
```

```
请输入x：50
y=20
```

【提高任务2】从键盘任意输入一个百分制成绩（实型），输出其对应的五级分制。对应关系如下：90~100为A，80~89为B，70~79为C，60~69为D，其余为E。

1．要点提示

（1）分数是实型，可以带小数，如80.5。

（2）用switch语句实现此题要求，须构造表达式：百分制成绩/10。

（3）switch后的表达式的值只能为整型、字符型和枚举型，因此要对输入的实型成绩进行处理转换成整型成绩，通常采用强制类型转换的方法。

2．参考运行结果

```
请输入百分制成绩：100
100对应的五级分是A
```

```
请输入百分制成绩：79.5
79.5对应的五级分是B
```

```
请输入百分制成绩：58
58对应的五级分是E
```

三、自测题

1．程序阅读题

（1）若从键盘输入C，则下列程序的输出结果是______。

```
#include <stdio.h>
void main（）
{
  char grade;
  getchar（grade）;
  switch（grade）
```

```
{
case ‘A’ : printf（“85-100\n”）; ;
case ‘B’ : printf（“70-84\n”）;
case ‘C’ : printf（“60-69\n”）;
case ‘D’ : printf（“<60\n”）;
default: printf（“error！ \n”）;
}
}
```

（2）以下程序的运行结果是 ______。

```
#include <stdio.h>
void main（）
{ int x=1, y=0;
 switch （x）
 {
 case 1:
     switch （y）
     {
     case 0:
         printf（“**1**\n”）; break;
case 1:
   printf（“**2**\n”）; break;
}
case2:
   printf（“**3**\n”）;
}
}
```

（3）以下程序的运行结果是 ______。

```
#include <stdio.h>
void main（）
{
int a=2, b=7, c=5;
switch （a>0）
{
case 1:
```

```
    switch （b<0）
    {
    case 1：printf（“@”）；break;
    case 2：printf（“！”）；break;
    }
case 0：
    switch（c= =5）
    {
    case 0：printf（“*”）；break;
    case 1：printf（“$”）；break;
    default：printf（“#”）；break;
    }
default：
    printf（“&”）；
}
printf（“\n”）；
 }
```

2．编程题

用 switch 语句编程实现下面分段函数：

$$y=\begin{cases}-1 & (x<0)\\ 0 & (x=0)\\ 1 & (x>0)\end{cases}$$

实训　4.3 循环语句

（参考学时：4学时）

一、实训目的

（1）熟练掌握 while、do-while 和 for 语句的使用格式。

（2）熟练掌握一重循环程序的编写与应用。

（3）熟练掌握常用程序分析思路（用几个变量→变量值的来源→采用什么结构→输出什么结果）。

4．初步掌握双重循环程序的编写与应用。

二、实训指导

【示范任务 1】计算并输出 2+4+8+16+ … +1024 的值。

1．程序分析

这是一个求和的问题，与求 1+2+3+…+100 类似，可用与其相同的方法解决。注意到该题每次累加的数的规律——后一个加数都是在前一个加数的基础上乘 2。找到这个规律，就可以求解该问题。

2．编程思路（应用常用程序分析思路）

（1）声明 2 个整型变量 sum 与 n，用于存放和与加数，变量 n 同时可作为循环控制变量；

（2）为变量 sum 与 n 赋初值；

（3）采用循环结构，用 while、do-while、for 语句均可实现，选择一种即可；

（4）输出和。

3．具体实现

（1）创建工程，并在工程中加入如下源程序代码：

```
/***********************************************************
* 源程序名：ModelTask4_3_1.cpp                              *
* 功能：计算并输出“2+4+8+16+ … +1024”的值。                 *
***********************************************************/
#include <stdio.h>
void main（）
{
```

```
        int sum，num，i；// 依次存放和、加数、循环控制变量
        sum=0；        // 存放和的变量初值通常为 1
        num=2；        // 从 2 开始累加
        while（num<=1024）// 加完 1024 结束
        {
            sum+=num；// 等价于 sum=sum+num；
            num*=2；// 等价于 num=num*2；
        }
        printf（“2+4+8+16+ … +1024=%d\n”，sum）；// 输出和
}
```

（2）参考运行结果如下：

```
2+4+8+16+ … +1024=2046
```

4．知识点解析

（1）对于求和问题通常采用累加法，即得到一个加数，就将其值累加到和变量当中，然后再取另外一个加数，这个过程应用循环来实现。如果这些加数是在程序执行过程中任意给的，循环体内应包含从键盘接收数据的语句；如果是给定的一组数，通常这组数都会有一定的规律，根据规律构造出这些加数，即可实现求和。

（2）当遇到新问题时，应将其分解、转化成熟悉的问题，用已知的方法就可以解决新问题了。

（3）三种循环控制语句实现的功能是相同的，可以任选一种来实现。while 语句和 do-while 语句通常用于条件循环（即不定次数的循环），for 语句通常用于定数循环（即确定次数的循环）。

【同步任务 1】计算并输出 1*2*3*4*…*n 的值，即求 n！（n<=10）。要求分别用 while 语句、do-while 语句和 for 语句实现。

1．编程思路

（1）声明 3 个整型变量 n、p、i，分别存放 n 值、乘积、乘数（该变量可作为循环控制变量）。

（2）为上述 3 个变量赋初值。

（3）采用循环结构实现求乘积。

（4）输出乘积。

2. 要点提示

（1）存放乘积的变量初值应为 1。

2）题目要求 n<=10，此处应有容错处理。

3．参考运行结果

```
请输入一个整数：5
1*2*...*5=120
```

```
请输入一个整数：12
输入的值超出题目要求范围！
```

【提高任务 1】从键盘读入一个奇数 n，计算 1+3+5+ ⋯ +n。

1．要点提示

（1）对输入的 n 应进行奇偶判断，有相应的容错处理。

（2）加数项也就是循环控制变量每次自增 2。

2．参考运行结果

```
请输入奇数n： 7
1+3+...+7=16
```

```
请输入奇数n：8
您输入的不是奇数！
```

【示范任务 2】从键盘输入若干个非 0 整数，求其中的最大值。当输入 0 时结束。

1．编程思路

（1）定义两个整型变量 max 和 num，分别用于存放当前最大值和从键盘输入的值。

（2）从键盘接收 1 个整数，存入 num。

（3）将第一个输入的数存入 max，即把第一个数看作最大。

（4）采用循环结构接收新值，并求出当前最大值存入 max 中，当输入值为 0 时，结束循环。

（5）输出最大值。

2．具体实现

（1）创建工程，并在工程中加入如下源程序代码：

```
/**********************************************************************
* 源程序名：ModelTask4_3_2.cpp                                         *
* 功能：从键盘输入若干个非 0 整数，求其中的最大值。当输入 0 时结束。*
**********************************************************************/
#include <stdio.h>
void main（）
{
    int max，num；// 分别用于存放当前最大值和从键盘接收整数
    printf（“请输入若干整数，以 0 结束：”）；
    scanf（“%d”，&num）；
    max=num；// 把第一个输入的数看作最大
    while （num ！ =0）// 输入 0 时结束判断
{
```

```
        if （max<num）// 如果当前最大值比输入的数小，让最大值等于该数
            max=num;
    scanf（“%d”，&num）；// 从键盘接收下一个数
  }
  if（max ！ =0）// 处理输出的第一个值就是 0 的情况
        printf（“输入数中的最大值是：%d\n”，max）；// 输出最大值
  else
        printf（“未输入有效值！ \n”）；
  }
```

（2）参考运行结果如下：

```
请输入若干整数，以0结束：7-9 -3 8 24 0
输入数中的最大值是：24
```

```
请输入若干整数，以0结束：0 -7 -3 5 7 20
未输入有效值！
```

3．知识点解析

（1）求最大值的常用方法：把第一个值记为最大，并存入一个变量（max）中，然后拿 max 中的值去和其他数依次进行比较，如果这个数大于 max，则将其赋给变量 max；否则什么也不做。最后变量 max 中的值，就是最大值。

（2）在循环结构中，一定有使循环条件发生变化的操作。此题是通过输入改变循环条件的。

（3）在进行循环结构程序设计时，一定要分清哪些操作是需要反复执行的，哪些操作只执行一次。需要反复执行的，放循环体内，否则放循环体外。例如本题的从键盘接收数据和输出结果。

【同步任务 2】 从键盘接收为某参赛选手打分的评委人数 m（m>2）以及各个评委所给分数 score（分数 score 为一个小于等于 10 的正实数），并对分数进行处理，以求出最后得分 lastScore：即去掉一个最高分和一个最低分后，其余 m-2 个得分的平均值。

1．编程思路提示

（1）通过使用“for（i=1；i<=m；i++）{…}”形式的循环语句，使循环体（一个复合语句）一共被执行 m 次。每循环一次总是先输入一个得分 score，将其累加到 totalScore（总分）上，若该得分 score 大于 maxScore（最高分）或小于 minScore（最低分），则更改当前的 maxScore 或 minScore；

（2）循环结束后，累加和 totalScore 是 m 个得分之和，去掉最高分及最低分，再除以 m-2，即可得到最后得分 lastScore；

（3）说明变量并置初值。

double score，maxScore=0，minScore=10.1，totalScore=0.0，lastScore；

2．要点提示

（1）最大值和最小值的判断是独立的，一个数如果不是最大值不一定就是最小值，所以不能用如下双分支选择结构来求解最大值和最小值。

if（score>maxScore） maxScore=score； else minScore=score；

（2）虽然 m 是从键盘输入的，但它也可认为是一个确定的数，也即循环的次数是确定的。这种情况下，通常采用 for 语句来实现循环结构。

（3）在求最大值和最小值时，常使用的两种方法：一是把第一个值看作最大或最小（如示范任务 2），另一个是把最大值的初值置为所操作数据集的最小值，把最小值的初值置为所操作数据集的最大值（如同步任务 2）。

3．参考运行结果

```
评委人数m=？：5
请依次输入评委所给分数score：8.1 8.8 7.9 9.0 8.5
最高得分maxScore=9
最低得分minScore=7.9
参赛选手总分totalScore=42.3
参赛选手的最后得分lastScore=8.46667
```

【提高任务 2】从键盘输入若干个字符，统计其中数字字符的个数，用 # 结束输入。

1．要点提示

（1）对于条件循环，可以使用 while 语句或 do-while 语句。

（2）注意区别数字 0~9 与字符‘0’～‘9’。

（3）计数变量的初值应为 0。

2．参考运行结果

```
请输入若干字符，以#结束：df343df3&*^34#
数字字符个数为：6
```

【示范任务 3】从键盘输入一个奇数 n，计算并输出“1–3+5–7+…+n”的值。

1．程序分析

此题本质还是一个求和问题，只是偶数项为负数。我们仍可采用求和的方法求解，重点是怎样构造出每一个加数项。根据题目，可看出各加数项的符号是交替变换的且每项的数值都是在前一项数值的基础上加 2。根据这个特点，构造出由符号和数值相乘的加数项，然后求这些项的和。

2．编程思路（应用常用程序分析思路）

（1）声明 4 个整型变量 n、sum、term、sign，用于存放从键盘输入的奇数、和、加数项以及加数项的符号。

（2）为上述变量分别赋值（从键盘输入或在程序中直接赋值）。

（3）采用循环结构，求和。

（4）输出和。

3．具体实现

（1）创建工程，并在工程中加入如下源程序代码：

```
/*****************************************************************
* 源程序名：ModelTask4_3_3.cpp                                    *
* 功能：从键盘输入一个奇数 n，计算并输出“1-3+5-7+…+n”的值。       *
***************************************************************** *****/
#include <stdio.h>
void main（）
{
    int n，sum，term，sign；// 用于存放输入的 n、和、各项、各项符号
    sum=0；
    sign=1；// 符号最初设为正号，因为第一个加数项为正数
    printf（“请输入一个奇数：”）；
    scanf（“%d”，&n）；
    if （n%2==1）// 容错处理
    {
        for （int i=1；i<=n；i=i+2）//i 用于控制循环及构成各项
        {
            term=sign*i；    // 构造加数项
            sum+=term；      // 累加和
            sign=-sign；         // 改变下一项的符号
        }
        printf（“和是：%d\n”，sum）；
  }
  else
  {
        printf（“您输入的不是奇数！ \n”）；
  }
}
```

（2）参考运行结果如下：

```
请输入一个奇数：7
和是：-4
```

```
请输入一个奇数：8
您输入的不是奇数！
```

4．知识点解析

（1）在程序设计中，通常把减法转换成加法处理，除法转换成乘法处理。

（2）当符号交替出现时，通常采用“sign = -sign；”的方法。

（3）求和的本质是往一个变量中累加各个加数项，构造出加数项的通式至关重要。

【同步任务 3】 计算并输出 –1+1/2–1/4+1/8…的和，直到最后一项的绝对值小于等于 10^{-6} 为止。

1．编程思路提示

（1）数列中各项分母的变化规律是后项分母是前项分母的 2 倍。

（2）若分母用整型变量 m，每项的通式应为 sign*（1.0/m）。

（3）用循环结构求和且该循环结构是条件循环，应使用 while 或 do-while 语句。

2．要点提示

（1）10^{-6} 可表示成指数形式 1e–6。

（2）求绝对值函数为 fabs（ ），使用前应包含“math.h”头文件。

3．参考运行结果

```
和为：-0.666666
```

【提高任务 3】 计算并输出数列 2/1，3/2，5/3，8/5，13/8，21/13，…前 20 项之和。

1．要点提示

（1）从第 3 项开始，每项的分子是前两项分子之和，每项的分母也是前两项分母之和。因此应一次构造两项，并累加到和中。

（2）注意整数除法。

2．参考运行结果

```
结果是：32.6603
```

三、自测题

1．单项选择题

（1）下面程序中，循环语句 while 执行的循环次数是（　）。

```
# include <stdio.h>
void main （ ）
{
    int k=2；
    while （ k=0 ）
```

```
        printf（“%d\n”，k）；
    k--；
    printf（“%d\n”，k）；
}
```

A．无限次　　B．0 次　　C．1 次　　D．2 次

（2）语句 while（！ E）；中的表达式！ E 等价于（　）。

A．E＝＝0　　B．E！＝1　　C．E！＝0　　D．E＝＝1

（3）while 循环和 do-while 循环的主要区别是（　）。

A．do-while 的循环体至少无条件执行一次

B．while 的循环控制条件比 do-while 的循环控制条件严格

C．do-while 允许从外部转到循环体内

D．do-while 的循环体不能是复合语句

（4）对于 for（表达式 1；；表达式 3）可理解为（　）。

A．for（表达式 1；0；表达式 3）

B．for（表达式 1；1；表达式 3）

C．for（表达式 1；表达式 1；表达式 3）

D．for（表达式 1；表达式 3；表达式 3）

（5）下面程序中循环体的执行次数是（　）。

```
a=10;
b=0;
do{ b+=2; a-=2+b; }while（a>=0）;
```

A．1　　B．2　　C．3　　D．4

（6）以下程序段（　）。

```
    x=-1;
    do
        { x=x*x; }
while（! x）;
```

A．是死循环　　B．循环执行二次

C．循环执行一次　　D．有语法错误

（7）以下程序的执行结果是（　）。

```
    #include<stdio.h>
    void main（）
    {
        int a=0，i;
```

```
    for（i=1；i<5；i++）
    {  switch（i）
       {
          case 0：
          case 3：a+=2；
          case 1：
          case 2：a+=3；
          default：a+=5；
       }
    }
    printf（“%d\n”，a）；
}
```

A．31　　B．13　　C．10　　D．20

（8）下面程序的运行结果是（　）。

```
#include<stdio.h>
void main（）
{
    int y=10；
    do{ y--；} while（--y）；
    printf（“%d\n”，y--）；
}
```

A．-1　　B．1　　C．8　　D．0

2．程序填空题

（1）完成下面程序的填空，实现程序功能要求。

```
/*  功能：累加 -2+4-6+8-…+98-100。*/
# include <stdio.h>
void main（）
{
  int t，s = 0，i；
  t =___①___；
  for（i =2；i <=100；___②___
  {
      s = s +（___③___）；
      t = - t；
```

```
  }
  printf（"计算结果："<< s <<end）；
}
```

（2）完成下面程序的填空，实现程序功能要求。

```
/* 功能：统计正整数的各位数字中 0 的个数，例如当正整数为 31040，
        那么其中 0 的个数是 2。*/
# include <stdio.h>
void main（）
{
  int x，count = 0，n ，m；/*x 存放正整数，count 存放统计值，n 存放商，m 存
                                放余数 */
  cin >> x ;
  n =___①___;
  while（n ！ = 0 ）
  {
     m =___②___ ；
     n = n /10;
     if（___③___）
        count++;
  }
  printf（count <<end）；
}
```

3．编程题

（1）编写程序实现：求 1+1/2！ +1/3！ +…+1/n！，直到使最后一项 1/n！小于 10^4。

（2）编写程序实现：求一个整数任意次方的最后三位数。即求 xy 的最后三位数，要求 x，y 从键盘输入。

实训　4.4 break和continue语句

（参考学时：2学时）

一、实训目的

（1）熟练掌握 while、do-while 和 for 语句编写循环结构程序的基本技能。

（2）熟练掌握多重循环程序的编写与应用。

（3）熟练掌握 break、continue 语句的基本格式与使用方法。

4. 熟练掌握常用的程序设计方法。包括穷举法、辗转相除法、设置标志变量法等。

二、实训指导

【示范任务 1】找出 1000 之内的所有完数，并按下列格式输出其因子：

6 的因子是：1 2 3

●注释

一个数如果恰好等于它的因子之和，这个数就称为完数。

1. 程序分析

根据完数的定义，可通过“穷举法”判断一个数是否为完数。如果 n 为完数，再输出其因子。

2. 编程思路提示

（1）声明 3 个整型变量 m，s，i。m 存放 2 至 1000 间的每个数，s 存放各个数的因子和，i 用来控制输出因子的循环。

（2）循环对 2 到 1000 的各个数进行判断，如果为完数，输出其因子。

（3）在步骤 2 的循环中，首先找出是完数的值；如果是完数，将其因子输出。

（4）输出完数的各个因子也要用循环结构实现。

3. 具体实现

（1）创建工程，并在工程中加入如下源程序代码：

```
/****************************************************************
* 源程序名：ModelTask4_4_1.cpp                                   *
* 功能：找出 1000 之内的所有完数，并按下列格式输出其因子：        *
*        6 的因子是：1 2 3。                                      *
****************************************************************/
#include <stdio.h>
void main（）
{
    int m，s，i；//m 存放 1000 内的每个值，s 存放 1000 内每个值的因子和
    for（m=2；m<1000；m++）// 循环判断 1000 内的各个值
    {
      s=0； // 存放因子和的初值置为 0
      for （i=1；i<m；i++） // 求 m 的所有因子之和
      {
          if（m%i==0）
               s+=i;
      }
      if （s==m）// 如果各因子和等于这个数本身，则该数是完数
      {
         printf（“%d 的因子是：”，m）；
         for（i=1；i<m；i++）// 循环输出完数的各个因子
         {
            if（m%i==0）
                  printf（“%d”，i）；// 各因子间用一个空格分隔
         }
        printf（“\n”）；// 输出一个完数及其因子后，换行
      }
    }
  }
```

（2）参考运行结果如下：

```
6的因子是：1  2  3
28的因子是：1  2  4  7  14
496的因子是：1  2  4  8  16  31  62  124  248
```

4．知识点解析

（1）穷举法是指列出所有可能满足条件的值，并在其中挑选出正确的答案。求一个数的因子，通常采用穷举法。

（2）在使用多层循环嵌套时，一定要注意循环的层次。多层循环的控制变量通常都不相同。

【同步任务 1】输出 1~100 之间所有各位上数的乘积大于各位上数的和的数，并控制每行输出 8 个数。

1．编程思路提示

（1）对每个数进行处理时，都要记住该数各位数的和与乘积，以便进行比较。

（2）求一个数各位上数的和与积，关键是取到各位上的数，通常用辗转相除法。

（3）此题应用双层循环处理，外层循环控制数从 1~100 间变化，内层循环求各位上数的和与积。

2．要点提示

（1）要控制每行输出几个数，必须有一个记录输出数的个数的变量。

（2）控制每行输出 8 个，即输出数的个数是 8 的倍数时就换行。

（3）对每个数进行判断时，都要保证存放和的变量初值为 0，存放积的变量初值为 1。

3．参考运行结果

```
23      24      25      26      27      28      29      32
33      34      35      36      37      38      39      42
43      44      45      46      47      48      49      52
53      54      55      56      57      58      59      62
63      64      65      66      67      68      69      72
73      74      75      76      77      78      79      82
83      84      85      86      87      88      89      92
93      94      95      96      97      98      99
```

【提高任务 1】输出 100~500 内所有正读与反读大小相同的数（例 181），控制每行输出 6 个。

1. 要点提示

（1）此题应使用双重循环求解，外层循环控制数的范围，内层循环求逆序数。

（2）求一个数的逆序数应使用辗转相除法，辗转相除法会破坏原数，原数要用来控制循环和与逆序数比较，所以应使用原数的副本进行辗转相除。

（3）控制每行输出数的个数，应使用计数变量。

2. 参考运行结果

```
101    111    121    131    141    151
161    171    181    191    202    212
222    232    242    252    262    272
282    292    303    313    323    333
343    353    363    373    383    393
404    414    424    434    444    454
464    474    484    494
```

【示范任务 2】输出 1 ～ 100 之间的全部同构数。

●注释

如果一个数出现在其平方数的右边，则称该数为同构数。例如 5。

1. 程序分析

根据同构数的定义，应从右向左依次取出某数与其平方数的最低位进行比较，如果该数的所有位比较完均相等，证明其是同构数；如果某一位上的数已经不等，即可结束比较，证明其不是同构数。

2. 编程思路提示

（1）此题应使用双重循环结构求解。

（2）对于每个数，可先假设其是同构数，设一标识变量 flag，置初值为 1；如果判断出该数不是同构数，令 flag=0。这样，可根据 flag 的值判断该数是否是同构数。

（3）判断某数是否为同构数，应采用辗转相除法。

3. 具体实现

（1）创建工程，并在工程中加入如下源程序代码：

```
/*****************************************************************
* 源程序名：ModelTask4_4_2.cpp                                  *
* 功能：输出 1 ～ 100 之间的全部同构数。                          *
*****************************************************************/
#include <stdio.h>
void main（）
{
    int n，m，square；// 分别存放原数、原数副本、平方数
    int flag；// 标识变量，约定 flag=1 与该数是同构数等价
    for（n=1；n<=100；n++）
    {
        flag=1；// 对每个数都先假设其是同构数
```

```
        square=n*n；
        m=n；// 还要输出同构数，所以操作原数的副本
        while（m ！ =0）//m 一定小于等于 square
        {
            if（m%10 ！ =square%10）// 取当前最低位，并进行判断
            {
                flag=0；// 最低位不等，证明不是同构数，改变 flag 的值
                break；// 已有一位不等，不必再往下判断，跳出循环
            }
            m/=10；// 去掉判断过的最低位
            square/=10；
        }
        if（flag==1）//flag 值仍为 1，证明是同构数
            printf（“%d\t”，n）；
    }
    printf（“\n”）；
}
```

（2）参考运行结果如下：

```
1    5    6    25    76
```

4．知识点解析

（1）当判断是否、有无时，设置标识变量是一个常用的方法。

（2）对变量进行带有破坏性操作时，如果还想用到原变量的值，必须保留其副本。

（3）break 语句的功能是跳出它所在的循环，即只能跳出一层循环。

【同步任务 2】输出 2~100 内的所有素数。

1．编程思路提示

（1）此题应采用双重循环进行求解。

（2）对素数的判断应根据定义采用穷举法。

（3）判断时，可结合使用设置标识变量法。

2．要点提示

（1）判断一个数 n 是否为素数，可根据定义判断其是否能被 2~n–1 内的某个数整除，如果均不能整除，则该数为素数；也可缩小判断范围至 2~sqrt（n）。

（2）此题也可不使用设置标识变量方法进行求解。但在结构法算法中，要求程序

自上而下依次进行，没有向前或向后的跳转。因此，提倡使用设置标识变量的方法。

3．参考运行结果

```
2   3   5   7   11  13  17  19  23  29
31  37  41  43  47  53  59  61  67  71
73  79  83  89  97
```

【提高任务 2】输出所有的水仙花数。

1．要点提示

（1）水仙花数是三位整数，其个位数、十位数和百位数的立方和等于该数自身。

（2）可采用双重循环，用辗转相除法取到每位上的数；也可使用单层循环实现。

（3）可采用设置标识变量方法。

2．参考运行结果

```
153   370  371   407
```

三、自测题

1．单项选择题

（1）以下描述正确的是（　）。

A．continue 语句的作用是结束整个循环的执行

B．只能在循环体内和 switch 语句体内使用 break 语句

C．在循环体内使用 break 语句和 continue 语句的作用相同

D．break 语句的作用是结束本次循环的执行，不是终止整个循环的执行

（2）下面有关 for 循环的正确描述是（　）。

A．for 循环只能用于循环次数已经确定的情况

B．for 循环是先执行循环体语句，后判断表达式

C．在 for 循环中，不能用 break 语句跳出循环体

D．for 循环的循环体语句中，可以包含多条语句，但必须用花括号括起来

（3）关于下面程序段，说法正确的是（　）。

```
for （t=1；t<=100；t++）
{
  scanf（“%d”，&x）；
  if （x<0）continue；
  printf（“%d”，t）；
}
```

A．当 x<0 时整个循环结束　　　　B．当 x>=0 时什么也不输出

C．printf（“%d”，t）；语句永远也不执行　　　　D．最多允许输出 100 个非负整数

（4）关于下面程序段，说法正确的是（ ）。

```
x=3；
do
{
   y=x--；
   f（！ y）
   {
       putchar （‘*’）；
       break；
   }
   putchar （‘#’）；
 }while（x>=1 && x<=2）；
```

A．输出 *** B．输出 #*# C．输出 ### D．死循环

（5）关于下面程序段，说法正确的是（ ）。

```
for（t=1；t<=100；t++）
{
scanf（“%d”，&x）；
if（x<0）
 continue；
printf（“%3d”，t）；
}
```

A．当 x<0 时整个循环结束

B．当 x>=0 时什么也不做

C．printf 函数永远也不执行

D．最多允许输出 100 个非负整数

（6）下面程序的运行结果是（ ）。

```
#include<stdio.h>
void main（）
{
  int i；
  for（i=1；i<=5；i++）
  {
     if（i%2）
       printf（“*”）；
```

```
        else
          continue;
        printf（“#”）;
      }
    printf（“$\n”）;
}
```

A．*#*#*#$　　B．#*#*#*$　　C．*#*#$　　D．#*#*$

（7）下面程序的运行结果是（　）。

```
#include<stdio.h>
void main（）
{
    int i，j，x=0;
    for（i=0;i<2;i++）
    {
        x++;
        for（j=0;j<=3;j++）
        {
            if（j%2）
                continue;
            x++;
        }
        x++;
    }
    printf（“x=%d\n”，x），
}
```

A．x=4　　B．x=8　　C．x=6　　D．x=12

2．填空题

（1）C 语言中，break 语句只能用于_____语句和_____语句中。

（2）下面程序的运行结果是_______。

```
#include<stdio.h>
void main（）
{
    int i=5;
    do{
```

```
        switch（i%2）
        {
            case 4：i--；break；
            case 6：i--；continue；
        }
        i--；i--；
        printf（“%d\t”，i）；
    }while（i>0）；
}
```

3．编程题

（1）从键盘输入一个整数，输出其是否为素数。

（2）求 Fibonacci 数列（1，1，2，3，5，8，…）的前 20 项。

（3）从键盘输入 10 个整数，求出这 10 个整数的最大值和最小值，并将其输出。

第5章　数　组

实训 5.1 一维数组的使用

（参考学时：4学时）

一、实训目的

（1）熟练掌握一维数组的声明与初始化方法。包括整型、实型、字符型和结构体类型的一维数组。

（2）熟练掌握一维数组元素的访问方法。

（3）熟练掌握一维数组的常用算法。包括排序、查找、删除、插入、连接等算法。

（4）熟练掌握求一维数组长度的方法。包括用循环结构求解和使用 sizeof（）运算符求解。

（5）熟练掌握应用一维数组解决实际问题的基本技能。

二、实训指导

【示范任务 1】 从键盘输入 10 个整数，将第 2、第 4、第 6、第 8、第 10 位上的数改为 -1，并将改前和改后的数输出。

1．程序分析

由于 C 语言中数组的下标是从 0 开始编号的，所以第 2、第 4、第 6、第 8、第 10 位上的数即数组中下标为 1、3、5、7、9 的元素，因此可根据下标的奇偶性进行处理。

2．编程思路提示

（1）声明具有 10 个元素的整型数组 array[10]。

（2）从键盘输入 10 个整数，放到该数组中，用循环结构。

（3）将数组中的各元素输出，用循环结构。

（4）将下标为奇数的数组元素值置为 -1，也可在步骤 3 的循环中进行。

（5）输出改变后各数组元素的值，用循环结构。

3．具体实现

（1）创建工程，并在工程中加入如下源程序代码：

```
/*****************************************************************
*  源程序名：ModelTask5_1_1．cpp                                    *
*  功能：从键盘输入 10 个整数，将第 2、第 4、第 6、第 8、第 10 位上   *
*          的数改为 -1，并将改前和改后的数输出。                       *
*****************************************************************/
#include <stdio．h>
void main（）
{
    int array[10]，i；
    printf（“请输入 10 个整数：”）；
    for（i=0；i<10；i++）// 数组下标从 0 开始
    {
    scanf（“%d”，&array[i]）；// 用循环接收输入的数据
    }
    printf（“原数组为：\n”）；
    for（i=0；i<10；i++）// 对数组各元素进行处理，一定用循环结构
    {
    printf（“%4d”，array[i]）；// 输出原数组元素
    // 输出原数组元素后，就可以对其进行处理了
    if（i%2==1）// 奇数下标，置为 -1
    array[i]=-1；
    }
    printf（“\n 改变后的数组为：\n”）；
    for（i=0；i<10；i++）
    {
    printf（“%4d”，array[i]）；
    }
    printf（“\n”）；
}
```

（2）参考运行结果如下：

```
请输入10个整数：0 1 2 3 4 5 6 7 8 9
原数组为：
    0    1    2    3    4    5    6    7    8    9
改变后的数组为：
    0   -1    2   -1    4   -1    6   -1    8   -1
```

4．知识点解析

（1）数组的实质是一批连续存放的变量，因此数组元素也具有“一冲即无”的特性。要想把原数组元素输出，必须在其值改变前进行。

（2）数组元素的输入 / 输出通常是用循环来实现的。

（3）数组元素的下标是从 0 开始编号的。定义数组 array[N]，则下标的取值范围在 0~N−1。

（4）C 语言对数组下标越界不进行检查。

【同步任务 1】 从键盘输入 10 个字符，请将其中的小写字母转换成大写字母，其他字符不变。输出转换前后的字符。

1．编程思路提示

（1）声明一个长度为 10 的字符型数组。

（2）应用循环结构，从键盘读入 10 个字符赋给字符数组各元素。

（3）输出原数组元素值。

（4）应用循环结构，逐一判断数组元素是否为小写字母，如果是，转换成大写字母，否则不处理。

（5）输出转换后的数组元素。

2．要点提示

（1）C 语言中没有字符串类型的变量，存放字符串必须用字符型数组。

（2）字符数组中不是必须包含‘\ 0’，当为字符数组逐个元素赋值时，就可以不包含‘\0’；当用字符串常量为字符数组整体赋值时，字符数组一定包含‘\ 0’。

3．参考运行结果

```
请输入10个字符：ab*76$ABfk
转换前的字符是：ab*76$ABfk
转换后的字符是：AB*76$ABFK
```

【提高任务 1】从键盘输入 3 名同学的基本信息（表 5–1），并在屏幕上显示出来。

表 5–1　基本信息

学号	姓名	成绩
200701001	张明	80.5
200701002	王伟	90
200701003	李贺	75

1．要点提示

（1）此题应采用结构体数组进行处理。可采用如下结构体声明方法：

```
struct STUDENT
{
    char id[10];
    char name[20];
    float score;
}student[4];
```

（2）学号一般不进行算术运算，一般看作字符串，应用字符数组存储。

（3）结构体元素的引用形式：数组名 [下标]．成员名。

2．参考运行结果

```
请输入第1名学生的信息:
学号: 200701001
姓名: 张明
成绩: 80.5
请输入第2名学生的信息:
学号: 200701002
姓名: 王伟
成绩: 90
请输入第3名学生的信息:
学号: 200701003
姓名: 李贺
成绩: 75
学生信息:
200701001        张明        80.5
200701002        王伟        90
200701003        李贺        75
```

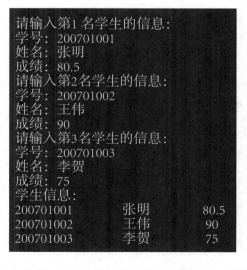

【示范任务 2】已有一按从小到大次序排序好的数组，现输入一数，要求用折半查找法找出该数在数组中的位置。如果没有，输出信息“没有找到！”。实验数据如下：

数组元素为：10，12，14，16，18，20，22，24，26，28

要查找的数：16

●注释

折半查找法——对于升序数列，折半查找法总是将要查找的数与中间的元素比较。若要查找的数大于中间元素，则到后半部分去查找，否则到前半部分去查找（对于降序数列，此步相反）。每次查找都以相同方法，即与中间元素比较，逐步缩小查找范围，最终得到结果。

1．程序分析

折半查找法的关键是找到查找区域的中间元素。可以找两个指针 low 和 high，分别指向查找区域的低位和高位，通过运算（low+high）/2 即可得到中间元素的位置 mid。根据要查找的值与中间位置元素的关系，移动指针 low 和 high，得到新的中间位置，直到找到该元素或 low<high 不成立为止，即可得到查找结果。

2．编程思路提示

（1）定义整型数组 a[N]，N 为符号常量，便于程序的扩展；定义整型变量 low、mid 和 high，用于指向查找区域的低位、中间位置和高位；定义整型变量 num，用于存放要查找的数。

（2）从键盘接收数组各元素的值和要查找的数 num。

（3）给变量 low、mid 和 high 赋初值。

（4）应用二分查找法（折半查找法）进行查找。

（5）输出查找结果。

3．具体实现

（1）创建工程，并在工程中加入如下源程序代码：

```
/*******************************************************************
* 源程序名：ModelTask5_1_2．cpp                                     *
* 功能：已有一按从小到大次序排序好的数组，现输入一数，要求用折半查 *
*         找法找出该数在数组中的位置。如果没有，输出“没有找到！”。 *
*******************************************************************/
#include <stdio．h>
#define N 10          // 便于程序扩展
void main（）
{
    int a[N];          // 下标范围 0~N-1
    int low，mid，high；// 用于指向查找区域的低位、中间位置、高位
    int num;           // 用于存放要查找的数
```

```
    printf（"请输入 %d 个升序排列的数："，N）；
    for （int i=0；i<N；i++）          // 输入降序数列
        scanf（"%d"，&a[i]）；
    printf（"请输入要查找的整数："）；          // 输入要查找的数
    scanf（"%d"，&num）；
    low=0；          // 设置查找的区间，开始时是全部
    high=N-1；
    mid=（low+high）/2；
    while（a[mid]！ =num && low<high）// 将查找的数与区间内的中间数进行比较
    {
        if （num>a[mid]）
            low=mid+1；          // 重新设置查找区间为原区间的后半部
        else
            high=mid-1；          // 重新设置查找区间为原区间的前半部
      mid=（low+high）/2；          // 重新设置中间的比较元素
    }
    if（num==a[mid]）
            printf（"%d 是第 %d 个元素 \n"，num，mid+1）；// 找到
        else
            printf（"没有找到！ \n"）；          // 没找到
}
```

（2）参考运行结果如下：

```
请输入10个降序排列的数：10  12  14  16  18  20  22  24  26  28
请输入要查找的整数：16
16是第4个元素
```

4．知识点解析

（1）应用折半查找法，要求数列必须是有序的。若对无序数列进行查找，应先将其排序，然后再应用折半查找法。

（2）用符号常量定义数组的长度，可增强程序的可扩展性。

【同步任务 2】 已知含有 10 个整型元素的降序数列，从键盘输入一个整数 n（0 ≤ n ≤ 9），请将位于位置 n 上的元素删除，并保持数列的有序性和连续性。输出删除元素后的数列。要求有相应的容错处理。

1．编程思路提示

（1）将 10 个整型元素的降序数列存入数组中，删除位置 n 上的元素，即删除元素 a[n]。

（2）对输入的位置 n 要进行判断，应满足 0 ≤ n ≤ 9，否则给出相应的提示信息。

（3）利用变量“一冲即无”的特性删除元素，即被删除元素后的所有元素从前往后顺次前移一位，移动过程应采用循环结构。

（4）输出处理后的数组元素。

2．要点提示

（1）删除一个数组元素一般分为两步：一是找到被删除元素位置；二是利用变量“一冲即无”的特性，通过移动元素的位置来实现删除。

（2）删除一个元素和插入一个元素是有区别的：删除一个元素时，不需要保留该元素的副本，所以可以从被删除元素的后一元素开始，依次前移一个位置。插入一个元素时，要保留原数列值，因此，要从数列的最后一个元素开始，依次往后移动一个位置，直到将插入位置中的原数据也向后移动一位，再将数据插入该位置。

3．参考运行结果

```
请输入10个降序排列的整数：10 9 8 7 6 5 4 3 2 1
请输入要删除的元素位置：3
删除位置3后的数列为：10   9   8   7   6   5   4   3   2   1
```

```
请输入10个降序排列的整数：10 9 8 7 6 5 4 3 2 1
请输入要删除的元素位置：10
下标越界！
```

【提高任务 2】从键盘输入 10 个互不相同的整数存入数组 a 中，再输入一个整数存入变量 num 中。如果 num 等于数组 a 的某个元素，请将该数组元素删除，输出删除后的数组；否则输出提示信息“该数不存在！”。

1．要点提示

（1）在无序数组中进行查找的常用方法：首先假设被查找数的位置为 -1，然后拿该数与数组中的元素一一比较，如果与某一元素相等，置被查找数的位置为该元素的下标，结束查找；最后根据被查找数的位置判断该数在数组中是否存在以及存在的位置。

（2）如果该数在数组中存在，利用同步任务 2 中的方法，删除该数组元素。

2．参考运行结果

```
请输入10个互不相同的整数：5 9 7 6 10 8 3 1 2 4
请输入要删除的整数：10
删除后的数组为：5 9 7 6 8 3 1 2 4
```

```
请输入10个互不相同的整数：5 9 7 6 10 3 1 2 4 8
请输入要删除的整数：20
该数不存在！
```

【示范任务 3】从键盘输入两个字符串，再把第二个字符串接到第一个字符串的后面，输出连接后的字符串。例：字符串 1：abc，字符串 2：def，连接后的字符串：abcdef（提示：注意字符串结束符‘\0’）。

1．程序分析

将两个字符串进行连接，关键是找到字符串 1 最后一个字符所在位置，即‘\0’所在位置，然后将字符串 2 中字符从该位置开始，顺次连接到字符串 1 后（即删除字符串 1 后的‘\0’）。字符串 2 中的‘\0’必须保留，作为连接后新字符串的结束标志。

2．编程思路提示

（1）定义字符型数组 str1[80]，str2[40]，分别用于存放字符串 1 和字符串 2，并将连接后的新字符串存入字符数组 str1 中。

（2）从键盘输入最初的两个字符串。

（3）应用循环结构，找到字符串 1 中‘\0’所在位置。

（4）应用循环结构，从 3 中找到位置开始，将字符串 2 中的字符存入字符串 1 中，即形成新串。

3．具体实现

（1）创建工程，并在工程中加入如下源程序代码：

```
/*********************************************************************
* 源程序名：ModelTask5_1_3．cpp                                        *
* 功能：连接两个字符串。                                                *
*********************************************************************/
#include <stdio．h>
void main（）
{
    char str1[80]，str2[40]；//str1 用于存放字符串 1 及连接后的新串
    int i=0，j=0；// 用于查找字符串中的‘\0’的位置
    printf（“请输入字符串 1（长度小于 40）：”）；
    gets（str1）；// 可以接收带空格的字符串
    printf（“请输入字符串 2（长度小于 40）：”）；
    gets（str2）；
    while（str1[i]！ =‘\0’）// 寻找‘\0’的位置
```

```
    {
        i++; // 循环结束时，i 即为 '\0' 的位置
    }
    while (str2[j] ! = '\0') // 把 str2 中的非 '\0' 字符连接到 str1 后
    {
        str1[i]=str2[j]; // 从 str1 的 '\0' 位置开始存放
        i++; // 找到 str1 的下一个元素空间
        j++; // 找到 str2 的下一个元素
    }
    str1[i]= '\0' ; //str2 的 '\0' 并没有复制到 str1 中，str1 必须有结束标志
    printf ("链接后的字符串是：%s\n", str1) ;
}
```

（2）参考运行结果如下：

```
请输入字符串1（长度小于40）：One World
请输入字符串2（长度小于40）：One Dream
连接后的字符串是：One World One Drean
```

4．知识点解析

（1）用字符串为数组进行整体赋值时，会在字符数组中自动加上字符串结束标志‘\0’。

（2）在字符数组的处理中，通常都利用字符串结束标志‘\0’来进行处理。

（3）用 scanf（ ）函数的 %s 格式控制符形式只能接收不带空格的字符串，要想接收带空格的字符串应使用 gets（ ）函数。

【同步任务 3】从键盘输入一个完全由小写字母组成的字符串，对此字符串进行加密，加密规则：将每个字母都变成字母表中其后面的字母，例 a → b，z → a。将原字符串与加密后的字符串输出。

1．编程思路提示

（1）定义两个字符数组用于存放加密前后的字符串。

（2）对加密前数组的每一个数组元素，按要求进行加密，存放加密后的数组中。

（3）输出加密前后的字符串。

2．要点提示

（1）应用字符的 ASCII 码进行字母的转换。

（2）注意字母 z → a 的转换。

（3）判断字符串结束用字符串结束标志‘\0’。

（4）也可以用一个数组来进行处理，此时要在改变数组元素值之前输出原数组元素值。

3．参考运行结果

```
请输入原字符串（长度小于80）：abcdxyz
加密前字符串为abcdxyz
加密后字符串为bcdeyza
```

【提高任务 3】从键盘输入一个长度小于 80 的字符串存入数组 str 中，再将该字符串逆序存放在 str 中。输出原字符串和逆序后的字符串。要求用最少的存储空间。

1．要点提示

（1）根据题意，只能使用一个字符数组 str [80]。

（2）将字符串逆置，即将有效字符（即除‘\0’外的字符）首尾对换。

（3）可利用字符串结束标志求出有效字符的个数，即字符串长度。

2．参考运行结果

```
请输入字符串：welcometoChina
逆序存放前的字符串为welcometoChina
逆序存放后的字符串为anihCotemoclew
```

三、自测题

1．单项选择题

（1）若有声明：“int a[10]；”，则数组 a 占内存的字节数为（ ）。

A．10　　B．20　　C．40　　D．80

（2）若有声明：“int a[10]；”，下面对一维数组元素的访问错误的是（ ）。

A．a[0]　　B．a[10]　　C．a[9]　　D．a [2*4]

（3）下列能对一维数组 a 进行正确初始化的语句是（ ）。

A．int a[10]=（0，0，0，0，0）；　　B．int a[10]={ }；

C．int a[ ]={0}；　　D．int a[10]={10*1}；

（4）下列关于数组下标的描述中，错误的是（ ）。

A．C 语言中数组元素的下标是从 0 开始的

B．数组元素下标是一个整常型表达式

C．数组元素可以用下标来表示

D．数组元素用下标来区分

（5）下列关于数组概念的描述中，错误的是（　）。

A．数组中所有元素类型是相同的

B．数组定义后，它的元素个数是可以改变的

C．数组在定义时可以被初始化，也可以不被初始化

D．数组元素的个数是在数组定义时确定的

2．程序阅读题

（1）以下程序的运行结果是（　）。

```
#include <stdio．h>
void main（）
{
int a[ ]={1，2，3，4}，i，j=1，s=0;
for （i=3；i>=0；i--）
{
  s += a[i ] * j;
  j*=10;
}
printf（“s=%d\n”，s）;
}
```

（2）以下程序的运行结果是（　）。

```
#include <stdio．h>
void main（）
{
int a[ ]={10，1，-20，-13，21，-2，11，25，-5，4}，sum=0;
for（int i=0；i<10；i++）
{
  if（a[i]>0）
      sum+=a[i];
}
printf（“sum=%d\n”，sum）;
}
```

3．编程题

（1）编写程序实现：从键盘输入 9 个整数，在屏幕上依次输出所有的最大值及第一个最大值所在位置。

（2）编写程序实现：从键盘输入 10 个整数保存到数组 a 中，再输入两个整数 num

和 n，请将整数 num 插入在数组 a 中，并且插入后 num 的下标为 n。要求有相应的容错处理。

实训 5.2 二维数组的使用

（参考学时：2学时）

一、实训目的

（1）熟练掌握二维数组的声明与初始化方法。包括整型、实型、字符型的二维数组。

（2）熟练掌握二维数组元素的访问方法。

（3）熟练掌握应用二维数组解决实际问题的基本技能。

二、实训指导

【示范任务 1】请输出下面数列图形。

```
1
1 1
1 2 1
1 3 3 1
1 4 6 4 1
```

1．程序分析

观察数列图形，可得如下规律：第一列和对角线上的数都为 1。其余的数为上一行同列和前一列两个数之和。按此规律，可用二维数组求解。

2．编程思路提示

（1）声明具有 5 行 5 列的整型数组 a[5] [5]。

（2）把第一列元素和对角线元素赋初值为 1，采用循环结构。

（3）从第 3 行开始，其余元素利用 a[i][j]=a[i-1][j-1]+ a[i-1][j] 的规律求解，采用循环结构。

（4）按行列形式输出二维数组各元素，每行控制输出到对角线元素。

3．具体实现

（1）创建工程，并在工程中加入如下源程序代码：

```
/***********************************************************
 * 源程序名：ModelTask5_2_1．cpp                           *
 * 功能：按格式输出数列图形。                               *
***********************************************************/
 #include <stdio．h>
 #define N 6
 void main（）
 {
int i，j，a[N][N]；// 从下标 1 开始使用
for（i=1；i<N；i++）
{
   a[i][1]=1；// 第 1 列元素置 1
   a[i][i]=1；// 对角线元素置 1
}
for（i=3；i<N；i++）// 第 3 行开始有非第 1 列和对角线元素
   for（j=2；j<i；j++）
        a[i][j]=a[i-1][j-1]+a[i-1][j]；
for（i=1；i<N；i++）// 输出数列图形
{
   for（j=1；j<=i；j++）
        printf（“%3d”，a[i][j]）；// 每个数值占 3 列
   printf（“\n”）；// 控制按行列形式输出
}
printf（“\n”）；
 }
```

（2）参考运行结果如下：

```
  1
  1  1
  1  2  1
  1  3  3  1
  1  4  6  4  1
```

4．知识点解析

（1）二维数组的每维下标都是从 0 开始编号的。

（2）对二维图形的处理通常采用二维数组，对二维数组的处理，通常用双重循环。

（3）该数列是杨辉三角数列。每个数值可以由组合C_m^n来计算，计算过程可用下面的递推公式表示：

$$C_m^n = 1 \qquad m=0，1，\cdots，i$$

$$C_m^n = C_m^{n-1} \times \frac{m-m+1}{n} \qquad n=1，2，\cdots，m$$

【同步任务 1】 从键盘输入 3×3 的整型矩阵元素，找出全部元素中的最大值。输出矩阵和最大元素值。

1．编程思路提示

（1）声明一个 3 行 3 列的整型数组 a[3][3] 和一个整型变量 max。

（2）从键盘读入数组元素值，用双重循环结构。

（3）把第一个元素值赋给变量 max。

（4）用 max 与数组中各元素进行比较，保持 max 值是较大者，用双重循环结构。

（5）输出数组所有元素与最大元素值。

2．要点提示

（1）二维数组元素是按行存放的，因此应外层循环控制行，内层循环控制列。

（2）找最大值的思想与找一维数组最大值相同，都把第一个元素看作最大，然后依次比较，保持存放最大值的变量中的值始终是较大者。最后输出存放最大值变量的值。

3．参考运行结果

```
请按行输入矩阵元素值: 9  5  12  8  14  3  10  23  7
矩阵为:
   9   5  12
   8  14   3
  10  23   7
矩阵中最大元素为: 23
```

【提高任务 1】 从键盘输入 3×3 的整型矩阵元素，找出全部元素中的最小值。输出矩阵、最小元素值及其行列下标。要求行列下标从 1 开始计算。

1．要点提示

（1）找最小值的方法与找最大值类似，即把第一个元素看作最小，然后依次比较，保持存放最小值变量中的值始终最小，最后输出该变量。

（2）要输出最小值所在行列下标，就要在记录最小值时同时记录其行列下标。

（3）行列下标从 1 开始计算，即不使用下标 0。要处理 N 行 N 列矩阵，则要定义 N+1 行 N+1 列的二维数组。

2．参考运行结果

```
请按行输入矩阵元素：8 6 7 5 9 1 2 3 4
矩阵为：
   8   6   7
   5   9   1
   2   3   4
最小元素为：1，在第2行，第3列
```

【示范任务2】从键盘输入3个学生姓名，依次存入二维字符数组name中。输出数组name中的内容。

1．编程思路提示

（1）定义二维字符型数组name[4][20]，行下标从1开始使用。

（2）从键盘输入3个学生姓名，存入数组name中，用单重循环实现。

（3）输出数组name中的内容，用单重循环实现。

2．具体实现

（1）创建工程，并在工程中加入如下源程序代码：

```
/*****************************************************************
* 源程序名：ModelTask5_2_2．cpp                                    *
* 功能：从键盘输入3个学生姓名，依次存入二维字符数组name中。         *
*     输出数组name中的内容。                                       *
*****************************************************************/
#include <stdio．h>
void main（）
{
char name[4][20]；// 名字的字符最多不超过19个
int i；
for（i=1；i<4；i++）
{
  printf（“请输入第%d个学生姓名：”，i）；
  scanf（“%s”，name[i]）；// 二维数组可看作特殊的一维数组
}
printf（“输入的三名同学的姓名是：\n”）；
for（i=1；i<4；i++）
{
  printf（“%s\n”，name[i]）；
}
}
```

（2）参考运行结果如下：

```
请输入第1个学生姓名：Mary
请输入第2个学生姓名：王明
请输入第3个学生姓名：李晓伟
输入的三名同学的姓名是：
Mary
王明
李晓伟
```

3．知识点解析

（1）每个名字都是一个字符串且长度不一定相同，所以二维数组的列数一定要大于最长名字的字符数。

（2）字符串只能用字符数组存放且可以进行整体的输入 / 输出。作为整体进行输出时，字符数组中必须有字符串结束标志‘\0’。

（3）二维数组可以看作是一个特殊的一维数组。

【同步任务 2】从键盘任意输入 5 个字符串，字符串的最大长度为 20。请输出其中最大的字符串。

1．编程思路提示

（1）声明二维字符数组 str[6][21]。

（2）将 5 个字符串存入二维字符数组 str 中。

（3）把二维字符数组看作是特殊的一维字符数组，应用一重循环找出最大字符串。

（4）输出最大字符串。

2．要点提示

（1）对字符数组的赋值不能直接使用赋值运算符 =，要用字符串处理函数 strcpy（ ）。

（2）比较两个字符串或字符数组时，不能直接使用比较运算符 = =，要使用字符串处理函数 strcmp（ ）。

（3）若要使用字符串处理函数，应包含头文件 string.h。

3．参考运行结果

```
请输入第1个字符串：C++
请输入第2个字符串：c++
请输入第3个字符串：program
请输入第4个字符串：basic
请输入第5个字符串：Program
最大字符串是：program
```

【提高任务 2】从键盘依次输入 1 至 3 号学生的姓名（名字个数不超过 20 个字符），请按字典序进行排序，输出排序后的结果。

1．要点提示

（1）使用字符串处理函数 strcpy（）和 strcmp（）进行赋值和比较处理。

（2）把二维字符数组看作是特殊的一维数组，即可应用选择排序法进行排序。

2． 参考运行结果

```
请输入1号学生的姓名：Tom
请输入2号学生的姓名：Jack
请输入3号学生的姓名：Mary
排序后的姓名为：Jack Mary Tom
```

三、自测题

1．单项选择题

（1）以下对二维数组 a 的正确声明是（ ）。

A．int a[3][]　　B．float a（3，4）；

C．double a[1][4]　　D．float a（3）（4）；

（2）若有说明 int a[3][4]；，则对数组 a 中元素的正确引用是（ ）。

A．a[2][4]　　B．a[1，3]　　C．a[1+1][0]　　D．a[3][3]

（3）以下能对二维数组 a 进行正确初始化的语句是（ ）。

A．int a[2][]={{1，0，1}，{5，2，3}}；

B．int a[][3]={{1，2，3}，{4，5，6}}；

C．int a[2][4]={{1，2}，{3，4}，{5，6}}；

D．int a[][]={1，2，3，4，5，6}；

（4）若有说明 int a[3][4]={0}；，则下面正确的叙述是（ ）。

A．只有元素 a[0][0] 可得到初值 0

B．此说明语句不正确

C．数组 a 中各元素都可得到初值，但其值不一定为 0

D．数组 a 中每个元素均可得到初值 0

（5）若有说明 int a[][4]={0，0}；，则下面不正确的叙述是（ ）。

A．数组 a 的每个元素都可得到初值 0

B．二维数组 a 的每一维大小为 1

C．因为二维数组 a 中第二维大小的值除以初值个数的商为 1，故数组 a 的行数为 1

D．只有 a[0][0] 和 a[0][1] 可得到初值 0，其余元素均得不到初值 0

（6）若二维数组 a 有 m 列，则计算任一元素 a[i][j] 在数组中位置的公式为（ ）（假设 a[0][0] 位于数组的第一个位置上）。

A．i*m+j　　B．j*m+i

C．i*m+j−1　　　　　D．i*m+j+1

（7）若二维数组 a 有 m 列，则在 a[i][j] 前的元素个数是（　）。

A．j*m+i　　B．i*m+j　　C．i*m+j−1　　D．i*m+j+1

（8）若有说明 int a[][3]={0，1，2，3，4，5，6}；，则数组 a 第一维的大小为（　）。

A．2　　B．3　　C．4　　D．不确定

2．程序阅读题

（1）以下程序的运行结果是（　）。

```
#include <stdio．h>
void main（）
{
int k;
int a[3][3]={1，2，3，4，5，6，7，8，9};
for （k=0；k<3；k++）
  printf（“%d”，a[k][2−k]）；
printf（“\n”）；
}
```

（2）以下程序的运行结果是（　）。

```
#include <stdio．h>
void main（）
{
int a[4][4]，i，j;
for （i=1；i<4；i++）
  for （j=1；j<4；j++）
     a[i][j]=（i/j）*（j/i）；
for（i=1；i<4；i++）
{
  for（j=1；j<4；j++）
     printf（“%d”，a[i][j]）；
  printf（“\n”）；
}
}
```

（3）以下程序的运行结果是（　）。

```
#include <stdio．h>
void main（）
```

```
 {
int a[2][3]={{1，2，3}，{4，5，6}}，b[3][2]，i，j;
printf（“数组 a：\n”）;
for （i=0；i<2；i++）
{
   for （j=0；j<3；j++）
   {
      printf（“%d”，a[i][j]）;
      b[j][i]=a[i][j];
   }
   printf（“\n”）;
}
printf（“数组 b：\n”）;
for（i=0；i<3；i++）
{
   for（j=0；j<2；j++）
      printf（“%d”，b[i][j]）;
   printf（“\n”）;
}
 }
```

3．编程题

（1）编写程序实现：从键盘输入 3×3 矩阵，求出主对角线上的元素之和。

（2）编写程序实现：处理某班1至5号同学3门课的成绩，它们是语文、数学和英语。统计并输出每门课程的总成绩、平均成绩以及每个学生课程的总成绩、平均成绩。

第 6 章　函　数

实训　6.1 函数的基本使用

（参考学时：2学时）

一、实训目的

（1）熟练掌握函数定义的一般格式。

（2）理解形参、实参以及函数调用等概念，初步掌握其使用方法。

（3）熟练掌握用函数实现常用算法，使程序模块化。

（4）熟练简单自定义函数的定义、声明、调用及返回的操作技能。

二、实训指导

【示范任务 1】从键盘输入一个字符串，输出其中所有小写字母。要求定义函数 int islower（char ch），检查 ch 是否是小写字母，是则返回 1，否则返回 0。主函数完成键盘输入和屏幕输出。

1．程序分析

对字符串的存放，只能使用字符数组，并且可以对其进行整体的输入、输出。对每个字符数组元素使用 islower（ ）函数进行判断，是则输出，否则不用处理。判断结束的标志是数组元素为‘\0’。

2．编程思路提示

主函数：

（1）声明字符型数组 str[256]。

（2）从键盘输入字符串。

（3）应用循环结构，对每个数组元素调用 islower 函数进行判断，根据函数返回值进行输出或不进行任何处理。

自定义函数：

（1）定义变量 flag，约定 flag 值为 1 与所判断字符是小写字母等价。

（2）应用选择结构，如果 ch 是小写字母，将 flag 置为 1，否则置为 0。

（3）返回 flag 的值。

3．具体实现

（1）创建工程，并在工程中加入如下源程序代码：

```
/*************************************************************************
* 源程序名：ModelTask6_1_1．cpp                                          *
* 功能：从键盘输入一个字符串，输出其中所有小写字母。要求对小写字          *
*        母的判断用子函数 int islower（char ch）实现。                   *
*************************************************************************/
#include <stdio．h>
int islower（char ch）；// 函数原型声明
void main（）
{
char str[256]；// 定义一个较大的数组，用于存放输入字符串
int i=0；// 用于控制数组下标
printf（“请输入一个字符串（长度小于 255）：”）；// 自动加‘\0’
gets（str）；// 字符数组可以进行整体输入
printf（“字符串中的小写字母如下：”）；
while （str[i]！ =“\0”）// 长度不一定为 255，用字符串结束标志控制循环
{
  if（islower（str[i]）==1）// 调用 islower（）函数进行判断
     printf（“%c”，str[i]）；// 是小写字母输出
  i++；// 下标加 1，判断下一个字符
}
printf（“\n”）；
}
int islower（char ch）// 作为判断是否为小写字母的标识
{
int flag；// 用于返回值
if（ch>=‘a’&& ch<=‘z’）
  flag=1；
else
  flag=0；
return flag；// 返回值
}
```

（2）参考运行结果如下：

```
请输入一个字符串（长度小于255）：h*23eWE1&*1300o!
字符串中的小写字母如下：hello
```

4．知识点解析

（1）带有自定义函数的程序的常用书写格式：

包含头文件

自定义函数原型声明

主函数

自定义函数

（2）在带有自定义函数的程序中，主函数通常实现定义变量、赋初值、调用函数、输出结果的功能；自定义函数通常没有输入、输出，只实现特定的功能。

（3）用户自定义函数和系统提供的标准库函数的使用方式相同，都是给出函数名和实际参数即可。

（4）如果函数的定义在后，使用在前，应在使用前加上函数的原型声明。

【同步任务1】从键盘输入一个字符串，输出其中数字字符的个数。要求用自定义函数 int isdigit（char ch）实现数字字符的判断功能。主函数完成输入、输出功能。

1．编程思路提示

主函数：

（1）声明字符型数组 str[256]。

（2）从键盘输入字符串。

（3）应用循环结构，对每个数组元素调用 isdigit 函数进行判断，根据函数返回值进行统计或不进行任何处理。

（4）输出数字字符个数。

自定义函数：

（1）定义变量 flag，约定 flag 值为 1 与所判断字符是数字字符等价。

（2）应用选择结构，如果 ch 是数字字符，将 flag 置为 1，否则置为 0。

（3）返回 flag 的值。

2．要点提示

（1）实现对是否、有无问题判断的自定义函数，通常都返回一个整型标识变量，其值为 1 时代表是，值为 0 时代表否。

（2）字符数组长度为 256，但不一定从键盘输入 255 个字符，因此用所判断字符等于‘\0’作为判断结束的标志，即只对字符数组中有效的字符（即非‘\0’字符）进行判断。

3．参考运行结果

```
请输入一个字符串：he*（12DFD34#$
字符串中有4个数字字符。
```

【提高任务 1】统计 1 ～ 100 间的同构数个数。要求用自定义函数实现判断一个数是否为同构数功能。主函数完成输出功能。

1．要点提示

（1）有关同构数的定义和判断方法参见第 4 章实训 4.4 示范任务 2。

（2）自定义函数应返回一个整型标识变量，值为 1 或 0。

2．参考运行结果

```
1~100间有5个同构数。
```

【示范任务 2】编写两个自定义函数，分别实现复数加法与输出复数功能。输入功能由主函数完成。

●注释

复数的表示形式是实部 + 虚部 i，两个复数相加时，实部与虚部分别相加，得到和的实部和虚部。

1．程序分析

复数相加是实部与虚部分别相加，这样求得的和既要得到实部，又要得到虚部。而自定义函数通过 return 语句只能返回一个值，因此需要采用结构体变量来求解此题。对于输出复数，按复数形式输出实部、+/–、虚部、i 即可。

2．编程思路提示

定义复数结构体类型。

主函数：

（1）声明 3 个复数类型结构体变量 n1、n2、sum，分别存放两个加数与和。

（2）从键盘输入两个复数的虚部与实部。

（3）调用求和函数，求出复数和。

（4）调用输出函数，输出复数。

求复数和函数：

（1）函数类型应为复数结构体类型，形参应为两个复数结构体类型变量。

（2）定义一个复数结构体型变量，存放两个形参复数的和。

（3）返回存放和的变量。

输出复数函数：

（1）函数类型应为 void，形参应为 1 个复数结构体类型变量。

（2）判断虚部的正负性，输出相应的实部、连接符号和虚部。

3．具体实现

（1）创建工程，并在工程中加入如下源程序代码：

```
/*********************************************************************
* 源程序名：ModelTask6_1_2．cpp                                      *
* 功能：编写两个自定义函数，分别实现复数加法与输出复数功能。          *
*          输入功能由主函数完成。                                    *
*********************************************************************/
#include <stdio．h>
struct complex{// 定义复数形式的结构体变量
double r;
double i;
};
complex add（complex c1，complex c2）；// 函数原型声明
void print（complex c）；
void main（）
{
complex n1，n2，sum;
printf（“请依次输入两个复数的实部和虚部：”）；
scanf（“%lf%lf%lf%lf”，&n1．r，&n1．i，&n2．r，&n2．i）；
sum=add（n1，n2）；// 调用 add 函数求复数和
print（n1）；// 输出复数 n1
printf（“%c”，‘+’）；
print（n2）；// 输出复数 n2
printf（“%c”，‘=’）；
print（sum）；// 输出复数和
printf（“\n”）；
}
complex add（complex c1，complex c2）
{
complex tmp;
tmp．r=c1．r+c2．r;
tmp．i=c1．i+c2．i;
return tmp;
```

```
  }
  void print（complex c）
  {
if（c．i>0）// 如果虚部是正数，用加号连接实部和虚部
   printf（“（%．0f+%．0fi）”，c．r，c．i）；
else if（c．i==0）
   printf（“（%．0f）”，c．r）；
else// 如果虚部是负数，实部和虚部间不用再有符号
   printf（{“（%．0f%．0fi）”，c．r，c．i）；
return；
  }
```

（2）参考运行结果如下：

```
请依次输入两个复数的实部和虚部：1 2 3 4
（1+2i）＝（4+6i）
```

```
请依次输入两个复数的实部和虚部：1 -3 2 -4
（1-3i）+（2-4i）＝（3-7i）
```

4．知识点解析

（1）在所有函数外面声明的变量称为全局变量，其作用范围从定义点开始到源文件结束。

（2）当函数没有返回值时，应把函数定义为 void 类型。

【同步任务 2】输出 2 ～ 100 间的所有素数，要求用自定义函数 int isPrime（int n）实现判断 n 是否为素数。

1．编程思路提示

主函数：

（1）定义整型变量 n，用于表示 2 ～ 100 间的整数。

（2）对每个 n，调用 isPrime 函数判断是否为素数，是则输出，不是则不用处理。

自定义函数：

（1）定义变量 flag，赋初值为 1，约定 flag 值为 1 与 n 是素数等价。

（2）应用选择结构，用 2 至 sqrt（n）间的数去除 n，如果能够整除，令 flag=0，退出判断循环。

（3）返回 flag 的值。

2．要点提示

（1）在带有自定义函数的程序中，通常把主函数定义写在前，自定义函数的定义写在后，在主函数前加上自定义函数的原型声明，这样可使程序结构更加清晰。

（2）判断某一条件是否成立时，通常先假设其成立，即令 flag=1，当能够判断出其不成立时，再修改 flag 的值，使 flag=0。此时即可结束判断。

3．参考运行结果

```
2    3    5    7    11   13   17   19   23   29
31   37   41   43   47   53   59   61   67   71
73   79   83   89   97
```

【提高任务 2】输出 1~100 间所有各位上数之积大于各位上数之和的数，控制每行输出 6 个。要求用自定义函数实现对整数的判断，输出功能由主函数完成。

1．要点提示

（1）要控制每行输出数的个数，需采用计数变量方法。

（2）自定义函数实现的是判断是否成立问题，应返回一个整型值。

2．参考运行结果

```
23 24 25 26 27 28
29 32 33 34 35 36
37 38 39 42 43 44
45 46 47 48 49 52
53 54 55 56 57 58
59 62 63 64 65 66
67 68 69 72 73 74
75 76 77 78 79 82
83 84 85 86 87 88
89 92 93 94 95 96
97 98 99
```

三、自测题

1．单项选择题

（1）以下说法中正确的是（ ）。

A．C 语言程序总是从第一个定义的函数开始执行

B．在 C 语言程序中，要调用的函数必须在 main（）函数中定义

C．C 语言程序总是从 main（）函数开始执行

D．C 语言程序中的 main（）函数必须放在所有函数的前面

（2）C 语言源程序不能由（ ）组成。

A．包含多个 main 函数的文件

B．包含一个 main 函数及多个其他函数的文件

C．仅含一个 main 函数的文件

D．包含一个 main 函数和一个其他函数的文件

（3）C 语言规定，函数返回值的类型是由（　　）决定的。

A．return 语句中的表达式类型

B．调用函数时的主调函数类型

C．调用函数时系统临时

D．定义该函数时指定的函数类型

（4）若名为 abc 的函数定义如下：

void abc（ ）

{ … }

则函数定义中 void 的含义是（　　）。

A．执行函数 abc 后，函数没有返回值

B．执行函数 abc 后，函数不再返回

C．执行函数 abc 后，可以返回任意类型

D．执行函数 abc 后，可以返回任意类型的值

（5）已知一函数定义如下：

void f（double d）

{ … }

则该函数的原型是（　　）。

A．void f（d）；

B．void f（double ）；

C．double f（double d）；

D．f（double）；

（6）对 C 语言程序中的函数，下面说法正确的是（　　）。

A．函数定义不能嵌套，但函数调用可以嵌套

B．函数定义可以嵌套，但函数调用不能嵌套

C．函数定义与函数调用均不可以嵌套

D．函数定义与函数调用均可以嵌套

（7）以下正确的函数形式是（　　）。

A．double fun（int x，int y）{z = x + y ；return z；}

B．fun（int x，y）{int z；return z；}

C．fun（x，y）{ int x ，y；double z；z=x+y；return z；}

D．double fun（int x，int y）{double z；z=x+y；return z；}

（8） 若有函数调用语句：“fun（（exp1，exp2），（exp3，exp4，exp5））；”，其中含有实参的个数为（ ）。

A．1　　B．2　　C．3　　D．5

2．程序阅读题

（1）以下程序的运行结果是 ____。

```
#include <stdio.h>
int max（int x，int y）；
void main（）
{
int a=1，b=2，c;
c=max（a，b）；
printf（“max=%d\n”，c）；
}
int max（int x，int y）
{
int z;
z=x>y ？ x：y;
return z;
}
```

（2）以下程序的运行结果是 ____。

```
#include <stdio.h>
int power（int x，int y）；
void main（）
{
int a=2，b=3;
printf（“%d\t”，power（a，b））；
printf（“%d\n”，power（b，a））；
}
int power（int x，int y）
{
int i，z=1;
for（i=1；i<=y；i++）
   z*=x;
return z;
```

```
}
```

（3）输入 programming 后，以下程序的运行结果是____。

```
#include <stdio. h>
char convert（char ch）;
void main（）
{
char str [20];
int i=0;
scanf（“%s”，str）;
while （str[i] ! = ‘\0’）
{
  str[i]=convert（str[i]）;
  i++;
}
printf（“%s”，str）;
}
char convert（char ch）
{
char c;
if（ch>= ‘a’ && ch<= ‘z’）
  c=ch-32;
return c;
}
```

3．编程题

（1）编写程序实现：从键盘输入一个正整数，输出该正整数各位数字之和。要求用自定义函数实现求任意一个正整数各位数字之和的功能。

（2）编写程序实现：从键盘输入一个小写字母，输出该小写字母的后继字符（若为a，则返回b；若为z，返回a）。要求用自定义函数实现求任意一个小写字母后继字符的功能。

实训 6.2 函数的参数传递

（参考学时：4学时）

一、实训目的

（1）熟练掌握函数调用的一般格式与调用方法。包括函数表达式和函数表达式语句方式两种方式。

（2）熟练掌握函数参数的传递方法。包括值传递和引用传递。

（3）理解并掌握数组作为函数参数的传递方法。

（4）掌握应用数组作为函数参数解决实际问题的技能。

二、实训指导

【示范任务 1】从键盘输入 5 个实数，然后输出它们的平均值。要求定义并使用求数组平均值的函数 float aver（float arr[]），输入输出由主函数完成。

1．程序分析

根据题目要求，该程序由两个函数构成：主函数 main 和自定义函数 aver。在主函数中，定义一个数组从键盘接收 5 个实数，然后通过数组名作为实参调用自定义函数 aver，将函数返回值输出即可。在自定义函数中，实现求 5 个数平均值功能。

2．编程思路提示

主函数：

（1）声明实型数组 a[5]，用于存放从键盘输入的 5 个实数；声明实型变量 ave，用于存放平均值，即函数返回值。

（2）从键盘输入 5 个实数，用循环实现。

（3）调用自定义函数 aver。

（4）输出平均值。

自定义函数：

（1）定义变量 sum 与 average，用于存放数组元素和与平均值。

（2）应用循环结构，求出数组元素和。

（3）求出平均值。

（4）返回平均值 average。

3．具体实现

（1）创建工程，并在工程中加入如下源程序代码：

```
/*************************************************************************
* 源程序名：ModelTask6_2_1．cpp                                         *
* 功能：用自定义函数求 5 个实数的平均值                                    *
*************************************************************************/
#include <stdio．h>
float aver（float arr[]）；// 求平均值函数的原型声明
void main（）
{
float a[5]；// 声明具有 5 个 float 型元素的数组 a
float ave；// 用于存放平均值
int i；// 循环控制变量
printf（“请输入 5 个实数：”）；
for（i=0；i<5；i++）
{
  scanf（“%f”，&a[i]）；
}
ave=aver（a）；// 用数组名作参数，调用自定义函数
printf（“平均值是：%．1f\n”，ave）；
}
float aver（float arr[]）// 函数实现
{
float sum=0，average；// 用于存放数组 arr 中 10 个元素的和与平均值
int i；
for （i=0；i<5；i++）
{
  sum+=arr[i]；
}
average=sum/5；
return average；// 返回平均值
}
```

（2）参考运行结果如下：

```
请输入5个实数: 1. 5  2. 5  3. 5  4. 5  5. 5
平均值是: 3. 5
```

4．知识点解析

（1）自定义函数 aver 的功能是有限的，只能处理 5 个元素。若想能够处理任意个元素，函数的形参应该具有两个参数：float aver（float arr[]，int n），变量 n 为数组元素可以处理的元素个数。对应在函数体中，将 5 改为 n 即可。

（2）数组作为函数参数，传递的是数组的首地址，不再为形参分配新的空间，而是将形参数组与实参数组共用同一片存储单元。

（3）作为形参的数组，不用给出数组长度，因为传递的是首地址。

【同步任务 1】从键盘输入 10 个整数，然后统计并输出其中偶数的个数。要求定义并使用计算数组中偶数个数的函数 int odd（int arr[]），输入与输出由主函数完成。

1．编程思路提示

主函数：

（1）声明整型数组 a[10]，声明计数变量 count，置初值为 0。

（2）从键盘输入 10 个整数存入数组 a 中。

（3）应用循环结构，对每个数组元素调用 odd 函数进行判断，如果是偶数，计数变量加 1。

（4）输出偶数个数。

自定义函数：

（1）定义变量 flag。

（2）应用选择结构，如果是偶数，将 flag 置为 1，否则置为 0。

（3）返回 flag 的值。

2．要点提示

（1）对 3 个以上的数据处理，通常都用数组。

（2）注意关系运算符 == 与赋值运算符 = 的区别。

3．参考运行结果

```
请输入10个整数: -1  2  3  -4  5  6  -7  8  9  10
偶数个数为: 5
```

【提高任务 1】从键盘输入一个字符串，长度不超过 80，统计其中英文字母的个数。要求使用自定义函数实现统计英文字母的功能。输入输出由主函数完成。

1．要点提示

（1）C 语言区分大小写字母，且大小写字母的 ASCII 码不连续。

（2）可使用 gets（）函数接收带空格的字符串。

2．参考运行结果

```
请输入一个字符串，长度不超过80: the Basic of C++ Programming
字符串中有22个英文字母。
```

【示范任务 2】从键盘输入若干个整数，并对其按从大到小的次序输出。整数个数在程序运行时指定。要求定义并使用为数组前 n 个元素排序的函数 void sort_n（int arr[]，int n），输入与输出由主函数完成。

1．程序分析

此题要求整数的个数在运行时指定，因此在主函数中定义数组的长度必须估计一个最大值，程序运行时，要求输入的整数个数不能超过该最大值。自定义函数可采用选择排序法实现。

2．编程思路提示

主函数：

（1）声明数组 int a[MAX]，MAX 为符号常量，表示最大元素个数；声明变量 num，用于从键盘接收要排序的整数个数，要求 num<MAX。

（2）接收 num 个整数，存入数组 a。

（3）调用自定义函数 sort_n（a，num）。

（4）输出排序后的数组。

自定义函数：

（1）声明变量 max 和 max_index，用于存放当前最大值及最大值下标。

（2）应用循环结构，从当前位置的下一位置开始，寻找最大值，并与当前位置上的值进行交换。

（3）应用循环结构，对无序区进行排序，直到全部元素有序。

3．具体实现

（1）创建工程，并在工程中加入如下源程序代码：

```
/*****************************************************************
* 源程序名：ModelTask6_2_2．cpp                                    *
* 功能：用自定义函数将 n 个整数从大到小排序。                        *
*****************************************************************/
#include <stdio．h>
#define MAX 100 // 要处理整数的最大数目
void sort_n（int arr[]，int n）；// 为数组前 n 个元素排序的函数原型声明
void main（）
{
int a[MAX]；
int num，i；
printf（“请输入要排序的元素个数（不超过 %d）：”，MAX）；
scanf（“%d”，&num）；
printf（“请输入 %d 个要排序的整数：”，num）；
for（i=0；i<num；i++）// 接收要排序的整数
{
  scanf（“%d”，&a[i]）；
}
sort_n（a，num）；// 调用自定义函数，实现排序
printf（“从大到小的排序结果：”）；
for（i=0；i<num；i++）
{
  printf（“%d”，a[i]）；
}
printf（“\n”）；
}
void sort_n（int arr[]，int n）
{
int max，max_index；// 用于存放当前最大值及最大值下标
int i，j；
for（i=0；i<n-1；i++）// 对 n 个元素排序，只需确定 n-1 个元素的顺序即可
{
```

```
        max=arr[i]；// 把当前元素看成最大
        max_index=i；// 记住当前最大值下标
        for（j=i+1；j<=n；j++）// 从当前位置的下一位置开始寻找最大值
        {
            if（arr[j]>max）// 如有对当前最大值大的元素
            {
                max=arr[j]；// 更改最大值
                max_index=j；// 更改最大值下标
            }
        }
        if（i！ =max_index）// 如果当前位置上的不是最大值，则进行交换
        {
            arr[max_index]=arr[i]；
            arr[i]=max；
        }
    }
}
```

（2）参考运行结果如下：

```
请输入要排序的元素个数（不超过100）：5
请输入5个要排序的整数：70 80 60 90 50
从大到小的排序结果：90   80   70   60   50
```

4．知识点解析

（1）数组作为函数形参，传递的是地址；变量名作为函数形参，传递的是值。

（2）用数组作为函数参数时，通常配套使用一个整型参数作为数组元素的个数或要处理元素的下标等，这样使程序的通用性更强。

【同步任务 2】 从键盘输入若干个整数，输出其中最小值。整数个数在程序运行时指定。要求定义并使用求数组前 n 个元素中最小值的函数 int min_n（int arr []，int n），输入输出由主函数完成。

1．编程思路提示

主函数：

（1）声明数组 int a[MAX]，MAX 为符号常量，表示最大元素个数；声明变量 num，用于从键盘接收要排序的整数个数，要求 num<MAX；声明变量 min，存放最小值。

（2）接收 num 个整数，存入数组 a。

（3）调用自定义函数 min_n，将函数返回值赋给变量 min。

（4）输出最小值 min。

自定义函数：

（1）定义变量 min，存放最小值。

（2）把数组的第一个元素看作最上，即 min=arr[0]。

（3）应用循环结构，找出最小值，存入 min 中。

（4）返回 min 的值。

2．要点提示

（1）在主函数中实现全部程序要求与在自定义函数中实现某个功能所用的方法是类似的，只是把功能代码封装成自定义函数后，用形参替换了原来的输入，用返回值替换了原来的输出。

（2）变量名与函数名不能重名。

3．参考运行结果

```
请输入要处理的整数个数（不超过100）：6
请输入6个整数：87 45 90 23 98 56
其中的最小值为：23
```

【提高任务 2】从键盘输入若干个整数，输出它们的平均值。整数个数在程序运行时指定。要求定义并使用求数组前 n 个元素平均值的函数 float aver_n（int arr []，int n），输入输出由主函数完成。

1．要点提示

（1）输入的整数个数不能超过数组长度。

（2）若想求出平均值，必先求出和。存放和的变量初值应为 0。

2．参考运行结果

```
请输入要处理数的个数（不超过20个）：5
请输入5个整数：90 78 65 80 98
平均值为：82.2
```

【示范任务 3】从键盘输入一个字符串（不带空格），分别输出字母字符、数字字符和除字母、数字之外的其他字符个数。要求定义并使用统计字符串中上述三种字符的函数 void charCount（char str[]，int &letter，int &digit，int &others），输入输出由主函数实现。

1．程序分析

此题要求返回多个值，用普通变量做形参不能满足要求，因此采用引用作形参来求解。

2．编程思路提示

主函数：

（1）声明数组 char string[MAX]，MAX 为符号常量，表示最大元素个数；声明变量 letterCount、digitCount、othersCount，用于存放字母字符、数字字符、其他字符个数。

（2）从键盘接收字符串，存入字符数组 string。

（3）调用自定义函数 charCount。

（4）输出 letterCount、digitCount、othersCount 的值。

自定义函数：

（1）定义三个用于计数的整型变量 letter、digit、others 并初始化为 0。

（2）对每个数组元素进行判断、分类，并改变相应计数变量的值。

3．具体实现

（1）创建工程，并在工程中加入如下源程序代码：

```
/*********************************************************************
 * 源程序名：ModelTask6_2_3．cpp                                    *
 * 功能：用自定义函数实现统计字母、数字和其他字符个数。              *
*********************************************************************/
#include <stdio．h>
#define MAX 256 // 最大字符串长
void charCount（char str[]，int &letter，int &digit，int &others）；
void main（）
{
char string[MAX];
int letterCount，digitCount，othersCount；// 字母、数字、其他字符个数
printf（“请输入一个字符串（长度小于 %d）：”，MAX）；
gets（string）；// 字符数组可以进行整体输入
charCount（string，letterCount，digitCount，othersCount）；// 调用函数
printf（“字母字符个数：%d\n”，letterCount）；
printf（“数字字符个数：%d\n”，digitCount）；
printf（“其他字符个数：%d\n”，othersCount）；
}
void charCount（char str[]，int &letter，int &digit，int &others）
{
int i=0;
char c;
```

```
letter=digit=others=0；// 计数用的变量，初值置为 0
while（（c=str[i]）！ =‘\0’）// 用 c 代替 str[i]，书写方便；\0 为字符串结束标志
{
   if（c>=‘a’&& c<‘z’|| c>‘A’&& c<=‘Z’）// 对字符进行判断
       letter++；
   else if（c>‘0’&& c<=‘9’）
       digit++；
   else
       others++；
   i++；// 判断下一字符
}
 }
```

（2）参考运行结果如下：

```
请输入一个字符串（长度小于256）：abc24%^FDer*&329
字母字符个数：7
数字字符个数：5
其他字符个数：4
```

4．知识点解析

（1）要通过函数调用得到多个值，不能通过 return 返回实现。可以有两种方法：一是用数组作为函数参数；二是用引用作为函数参数。

（2）引用作参数时，并不为形参分配新的空间，而是给实参变量起个别名，通过形参和实参共同占用一片存储单元的方法，改变实参变量的值。

（3）当自定义函数没有返回值时，有无 return，语句均可。

【同步任务 3】 从键盘输入 10 个整数，输出其中的最大值和最小值。要求定义并使用函数 void max_min（int arr[]，int n ，int &max，in &min）实现求最大值和最小值，输入输出由主函数完成。

1．编程思路提示

主函数：

（1）声明数组 int a[10]，声明变量 max、min，存放最大值、最小值。

（2）从键盘输入 10 个整数，存入数组 a。

（3）调用自定义函数 max_min，得到最大值和最小值。

（4）输出最大值和最小值。

自定义函数：

（1）应用求最大值和最小值思想找到最大值和最小值。

（2）自定义函数没有返回值。

2．要点提示

（1）通过函数调用得到多个值时，一定不是通过 return 语句返回的，因此自定义函数的类型应为 void。

（2）引用作形参时，对应的实参是普通变量。

3．参考运行结果

```
请输入10个整数: 8  9  7  6  3 4  5  2  1  10
最大值: 10，最小值: 1
```

【**提高任务 3**】从键盘输入 10 个整数，输出其中正偶数和负奇数的个数。要求定义并使用函数 void fun（int arr[]，int n，int &posEven，int &negOdd）实现求正偶数和负奇数的个数，输入输出由主函数完成。

1．要点提示

（1）主函数中存放正偶数和负奇数个数的变量的初值应为 0。

（2）对负奇数的判断不能用 arr[i]<0 && arr[i]%2= =1 来判断，分析原因。

2．参考运行结果

```
请输入10个整数: 1  -3  4  -5  6 7  5  -8  -9  2  10
正偶数: 4个，负奇数: 3个。
```

三、自测题

1．单项选择题

（1）以下说法中正确的是（　）。

A．实参和与其对应的形参各占用独立的存储单元

B．实参和与其对应的形参共占用一个存储单元

C．只有当实参和与其对应的形参同名时才共占用存储单元

D．形参是虚拟的，不占用存储单元

（2）若调用一个函数且此函数中没有 return 语句，则以下说法中正确的是（　）。

A．该函数没有返回值

B．该函数返回若干个系统默认值

C．能返回一个用户所希望的函数值

D．返回一个不确定的值

（3）以下说法中不正确的是（　）。

A．实参可以是常量、变量或表达式

B．形参可以是常量、变量或表达式

C．实参可以为任意类型

D．形参应与其对应的实参类型一致

（4）以下说法中正确的是（ ）。

A．定义函数时，形参的类型说明可以放在函数体内

B．return 后边的值不能为表达式

C．如果函数值的类型与返回值类型不一致，以函数值类型为准

D．如果形参与实参的类型不一致，以实参类型为准

（5）简单变量做实参时，它和对应形参之间的数据传递方式是（ ）。

A．地址传递

B．单向值传递

C．由实参传给形参，再由形参传回给实参

D．由用户指定传递方式

（6）关于函数调用，以下说法中不正确的是（ ）。

A．可以出现在执行语句中

B．可以出现在一个表达式中

C．可以作为一个函数的实参

D．可以作为一个函数的形参

（7）若用数组名作为函数调用的实参，传递给形参的是（ ）。

A．数组的首地址

B．数组第一个元素的值

C．数组中全部元素的值

D．数组元素的个数

（8）若使用一维数组名作函数实参，则以下正确的说法是（ ）。

A．必须在主调函数中说明此数组的大小

B．实参数组类型与形参数组类型可以不匹配

C．在被调函数中，不需要考虑形参数组的大小

D．实参数组名与形参数组名必须一致

2．程序阅读题

（1）以下程序的运行结果是 ______。

```
#include<stdio．h>
char max（char x，char y）；
void main（）
```

```
{
char c1= 'a' , c2= 'b' , c3= 'c' , m;
m=max (c1, c2) ;
m=max (m, c3) ;
printf ( "%c\n" , m) ;
}
char max (char x, char y)
{
if (x>y)
  return x;
else
return y;
}
```

（2）以下程序的运行结果是 ______。

```
#include <stdio. h>
void f (int &a, int &b, int &c) ;
void main ()
{
int x=1, y=2, z=0;
f (x, y, z) ;
printf ( "%d\n" , z) ;
}
void f (int &a, int &b, int &c)
{
c=a+b;
}
```

（3）以下程序的运行结果是 ______。

```
#include <stdio. h>
void max_min (int &a, int &b) ;
void main ()
{
int x=3, y=8;
max_min (x, y) ;
printf ( "较大值：%d\n" , x) ;
```

```
printf（“较小值：%d\n”，y）；
 }
 void max_min（int &a，int &b）
 {
int t;
if（a<b）
{
   t=a;
   a=b;
   b=t;
}
 }
```

（4）以下程序的功能是 ______。

```
 #include <stdio. h>
 #define MAX 5
 void insert（int arr[]，int length，int n，int num）；
 void main（）
 {
int a[MAX+1];
int n，i;
int num;
printf（“请输入 %d 个整数：”，MAX）；
for （i=0；i<MAX；i++）
   scanf（“%d”，&a[i]）；
printf（“请输入要插入的整数：”）；
scanf（“%d”，&num）；
printf（“请输入 %d 要插入数组中的位置（小于等于 %d）：”，num，MAX）；
scanf（“%d”，&n）；
insert（a，MAX，n，num）；
printf（“插入整数 %d 后的数组为：”，num）；
for（i=0；i<MAX+1；i++）
   printf（“%d”，a[i]）；
printf（“\n”）；
 }
```

```
void insert（int arr []，int length，int n，int num）
{
int i=0;
for（i=length; i>=n; i--）
{
  arr[i]=arr[i-1];
}
arr[n]=num;
return ;
}
```

（5）以下程序的功能是 ______。

```
#include <stdio. h>
int count（int arr[]）;
void main（）
{
int a[10];
int i, s;
printf（“请输入 10 个整数：”）;
for（i=0; i<10; i++）
{
  scanf（“%d”，&a[i]）;
}
s=count（a）;
printf（“%d\n”，s）;
}
int count（int arr[]）
{
int i, c=0;
for（i=0; i<10; i++）
{
  if（arr[i]>0）
      c++;
}
return c;
```

}

3．编程题

（1）编写程序实现：输出所有的两位绝对素数（一个素数，当它的数字位置对换以后仍为素数，这样的数被称为绝对素数）。要求定义两个自定义函数，一个用于判断一个数是否是素数，一个用于把一个两位数的数字位置对换。输出由主函数完成。

（2）编写程序实现：计算一个字符串中指定子字符串出现的次数。要求用自定义函数实现求子字符串出现次数功能。输入输出由主函数完成。

实训 6.3 函数的综合应用

（参考学时：2学时）

一、实训目的

（1）理解并掌握变量的作用域和生存期的概念与使用。

（2）理解并掌握变量的存储类型的概念与使用。包括 auto、register、static 和 extern。

（3）理解使用函数的目的，熟练掌握用函数解决实际问题的方法。

（4）理解函数的递归调用和嵌套调用。

二、实训指导

【示范任务 1】从键盘输入若干分数（当输入 -1 时结束），分别输出优秀人数（分数≥ 90）、及格但不优秀人数（分数≥ 60）和不及格人数（分数≤ 60）。要求定义并使用统计上述分数段人数的函数 void scoreCount（float score），输入输出由主函数完成。要求只对合理的分数（0~100）进行统计。

1．程序分析

根据题目要求，自定义函数 scoreCount 要得到 3 个分数段的人数，而该函数只有一个形参且无返回值。因此，只能通过全局变量来实现统计 3 个分数段的人数的功能。

2．编程思路提示

声明全局变量：

声明全局变量 yx、jg、bjg，分别用来存放优秀、及格、不及格人数。

主函数：

（1）声明实型变量 s，用于存放从键盘接收的若干分数。

（2）应用循环结构，对每个合理的分数调用自定义函数 scoreCount 进行统计。

（3）输出优秀、及格、不及格人数。

自定义函数：

（1）应用选择结构对分数进行判断，使用相应的全局变量进行统计。

（2）没有返回值。

3．具体实现

（1）创建工程，并在工程中加入如下源程序代码：

```
/*****************************************************************
 * 源程序名：ModelTask6_3_1．cpp                                  *
 * 功能：用自定义函数和全局变量统计相应分数段人数                    *
 *****************************************************************/
#include <stdio．h>
void scoreCount（float score）；
int yx，jg，bjg；// 定义全局变量
void main（）
{
float score；// 局部变量，不和自定义函数中的 score 冲突
int count=0；// 统计合理的成绩
printf（“请输入若干分数（以 -1 结束）：”）；
scanf（“%f”，&score）；
while（score！ =-1）
{
  if（score>=0 && score<=100）// 只对合理的分数进行处理
  {
      scoreCount（score）；// 对每个分数都调用函数进行判断、统计
      count++；// 统计合理的分数的个数
  }
  scanf（“%f”，&score）；// 接收下一个分数
}
printf（“输入的分数中合理分数有 %d 个，其中：\n”，count）；
printf（“优秀人数：%d，及格人数：%d，不及格人数：%d\n”，
  yx，jg，bjg）；//C 语言允许一条语句写在多行上
}
void scoreCount（float score）//score 是局部变量，不和主函数中的 score 冲突
{
if（score>=90）// 如果成绩为优秀
  yx++；// 优秀变量加 1
else if（score>=60）// 如果成绩为及格
  jg++；// 及格变量加 1
```

```
else// 否则
    bjg++; // 不及格变量加 1
return; // 没有返回值，return 语句可有可无
}
```

（2）参考运行结果如下：

```
请输入若干分数（以-1结束）：100  78  86  0  56  120  -78  98  76  -1
输入的分数中合理分数有7个，其中：
优秀人数：2，及格人数：3，不及格人数：2
```

4．知识点解析

（1）全局变量的作用域为从变量声明点到整个程序结束。因此该题中主函数和自定义函数都可对全局变量进行处理。一般不提倡使用全局变量。

（2）局部变量的作用域为函数内部声明点开始到本函数结束。使用局部变量可以避免影响其他函数。

（3）编程时尽量做到“高内聚，低耦合”。

【同步任务1】 从键盘输入 10 个整数，然后统计并输出其中正数、负数和零的个数。要求定义并使用统计上述三类整数个数的函数 void count（int x），输入与输出由主函数完成。

1．编程思路提示

声明全局变量：

声明全局变量 posNum、negNum、zero，分别用来存放正数、负数、零的个数。

主函数：

（1）声明整型数组 int a[10]，用于存放从键盘输入的 10 个整数。

（2）应用循环结构，对每个数组元素 a[i] 调用自定义函数 count 进行统计。

（3）输出正数、负数、零的个数。

自定义函数：

（1）应用选择结构对整数进行判断，使用相应的全局变量进行统计。

（2）没有返回值。

2．要点提示

（1）对于没有返回值的函数，应采用函数语句形式进行调用。

（2）如果在定义全局变量时没有进行初始化，系统会自动将其初始化为 0。

3．参考运行结果

```
请输入10个整数：1  -2  0  3  4  -5  -6  0  0  9
您输入的10个数是：1  -2  0  3  4  -5  -6  0  0  9
其中，正数：4个，负数：3个，零：3个。
```

【提高任务 1】 从键盘输入一个字符串，分别输出字母字符、数字字符、空格字符和此外的其他字符个数。要求定义并使用统计字符串中上述字符的函数 void charCount（char str[]），输入输出由主函数完成。

1．要点提示

（1）要接收带空格的字符串，应使用 gets（ ）函数。

（2）注意字符型常量和字符串常量的区别。

2．参考运行结果

```
请输入一个字符串（长度为10）：12  GO  #@od
字母字符个数：4
数字字符个数：2
空格字符个数：2
其他字符个数：2
```

【示范任务 2】 猜数游戏：程序自动产生一个 1~8 之间的随机整数，让操作者猜这个数。从键盘输入猜的数后，如果猜中，屏幕显示成功信息，否则显示“太大”或“太小”的提示信息，操作者再次输入。若 3 次还未猜中，输出失败信息。要求定义并使用 int numCompare（int x，int y）判断两数的关系。

1．程序分析

由题意，自定义函数的返回值应是 int 型，值可取 1、0、-1，分别代表 x>y，x==y 和 x<y。主函数中产生随机数，调用自定义函数进行比较，共给 3 次机会。

2．编程思路提示

主函数：

（1）声明变量 objNum、guessNum、count，分别表示产生的随机数、操作者猜测的数和剩余机会数。

（2）利用 srand（ ）、rand（）函数生成随机数，并转化使其范围在 1~8 之间。

（3）在还有机会的情况下，输入猜测数，调用函数比较，如果猜中，显示成功信息并退出；否则，显示相应提示信息，再次输入猜测数。

（4）如果 3 次均未猜中，输出产生的随机数和失败信息。

自定义函数：

（1）声明变量 flag，用于表示两数的大小关系。

（2）应用多分支选择结构进行比较，并为 flag 赋值。

（3）返回 flag。

3．具体实现

（1）创建工程，并在工程中加入如下源程序代码：

```
/****************************************************************
* 源程序名：ModelTask6_3_2．cpp                                  *
* 功能：猜数游戏。用自定义函数比较两数的大小。                      *
****************************************************************/
#include <stdio．h>
#include <stdlib．h>// 为使用 srand、rand 函数
#include <time．h>// 为使用 time 函数
int numCompare（int x，int y）；
void main（）
{
int objNum，guessNum，count；// 随机数、猜测数、剩余机会
count=3；// 最初剩余 3 次机会
srand（time（NULL））；// 用系统时间做随机数种子
objNum=rand（）；// 生成随机数
objNum=objNum%8+1；// 控制随机数在 1~8 之间
while（count ！ =0）// 还有机会
{
   printf（“请猜出目标数（1~8），还有 %d 次机会：”，count）；
   scanf（“%d”，&guessNum）；
   if（numCompare（guessNum，objNum）==0）// 调用函数，相等
   {
      printf（“成功！ \n”）；
      exit（0）；// 退出程序
   }
   else if（numCompare（guessNum，objNum）<0）
      printf（“猜小了！ \n”）；
   else
      printf（“猜大了！ \n”）；
```

```
    count--；// 机会减少一次
    if（count>0）// 还有机会，输出提示信息
        printf（"请再猜！ \n"）；

}
printf（"目标数为 %d，失败！ \n"，objNum）；// 三次均未猜中
 }
 int numCompare（int x，int y）// 比较两个整数的大小
 {
int flag；
if（x>y）
   flag=1；
else if（x==y）
   flag=0；
else
   flag=-1；
return flag；
 }
```

（2）参考运行结果如下：

```
请猜出目标数（1~8），还有3次机会：7
成功！
```

```
请猜出目标数（1~8），还有3次机会：6
猜大了！
请再猜！
请猜出目标数（1~8），还有2次机会：4
猜小了！
请再猜！
请猜出目标数（1~8），还有1次机会：5
成功！
```

```
请猜出目标数（1~8），还有3次机会：7
猜大了！
请再猜！
请猜出目标数（1~8），还有2次机会：6
猜大了！
请再猜！
请猜出目标数（1~8），还有1次机会：5
猜大了！
目标数为3，失败！
```

4．知识点解析

（1）time（）函数的功能是取系统时间，要使用它须包含头文件 time．h。

（2）srand（）函数的功能是产生一个随机数种子，rand（）的功能是在 srand（）产生的随机数种子上，产生一个 0~32767 的整数。使用这两个函数，必须包含头文件

stdlib．h。

【同步任务2】从键盘输入一个字母，输出其ASCII码。要求定义并使用int isLetter（char ch）函数对输入的字符进行是否为字母的判断。如果不是字母，允许重新输入，共给3次机会。输入与输出由主函数完成。

1．编程思路提示

主函数：

（1）声明计数变量count，用来记录输入的次数。

（2）声明变量ch，用于接收输入的字符。

（3）构造死循环，在循环中调用自定义函数进行判断：如果是字母，输出其ASCII码；如果不是字母，重新输入，同时记录输入次数，如果已输入3次，退出循环。

自定义函数：

（1）声明变量flag，用于标志是否为字母字符。

（2）根据是字母字符条件进行判断，并给flag赋值。

（3）返回flag。

2．要点提示

（1）对于有多种可能的条件循环，通常采取构造死循环的方式，在循环中根据不同的条件用break语句退出循环。

（2）要控制机会次数，应采用计数变量。

3．参考运行结果

```
请输入一个字母：A
字母A的ASCII码是：65
```

```
请输入一个字母：9
您输入的不是字母，请输入一个字母：a
字母a的ASCII码是：97
```

```
请输入一个字母：8
您输入的不是字母，请输入一个字母：9
您输入的不是字母，请输入一个字母：B
字母B的ASCII码是：66
```

```
请输入一个字母：1
您输入的不是字母，请输入一个字母：#
您输入的不是字母，请输入一个字母：*
三次输入均不是字母！
```

【提高任务2】从键盘输入一个整数，如果是奇数，输出信息“输入正确！”；否则，重新输入，共给3次机会。如果3次都不对，则输出“3次机会已用完，谢谢使用！”要求定义并使用int isOdd（int n）函数对输入的整数进行奇偶性的判断。

1．要点提示

（1）构造一个死循环，进行循环判断，当满足一定条件跳出循环。

（2）对于是否的判断，应返回一个标志变量，值为 1 或 0。

2．参考运行结果

```
请输入一个奇数：8
您输入的不是奇数，请重新输入：6
您输入的不是奇数，请重新输入：9
输入正确！
```

```
请输入一个奇数：4
您输入的不是奇数，请重新输入：6
您输入的不是奇数，请重新输入：10
3次机会已用完，谢谢使用！
```

三、自测题

1．单项选择题

（1）对于建立函数的目的，以下正确的说法是（　）。

A．提高程序的执行效率　　　　B．提高程序的可读性

C．减少程序的篇幅　　　　D．减少程序文件所占空间

（2）以下正确的函数声明形式是（　）。

A．double fun（int x，int y）　　　　B．double fun（int x；int y）

C．double fun（int，int）；　　　　D．double fun（int x，y）；

（3）以下说法中不正确的是（　）。

A．在不同函数中可以使用相同名字的变量

B．形式参数是局部变量

C．在函数内定义的变量只在本函数范围内有效

D．在函数内的复合语句中定义的变量在本函数范围内有效

（4）在一个源文件中定义的全局变量的作用域为（　）。

A．本文件的全部范围

B．本程序的全部范围

C．本函数的全部范围

D．从定义该变量的位置开始至本文件结束为止

（5）对于存储类型为（　）的变量只有在使用它们时才占用内存单元。

A．static 和 auto　　　　B．register 和 extern

C．register 和 static　　　　D．auto 和 register

2．填空题

（1）按照在程序中存在的时间，变量可分为 __________ 变量和 __________ 变量。

（2）按照在程序中有效的空间，变量可分为 __________ 变量和 __________ 变量。

（3）一个函数一般由 ______________ 和 ______________ 两个部分构成。

（4）根据调用方式，函数可以分为 ______________ 和 ______________ 两类。

3．程序阅读题

（1）以下程序的运行结果是 _____。

```
#include <stdio. h>
int func (int x) ;
void main ()
{
printf ("%d\n", func (9) ) ;
}

int func (int x)
{
int p;
if (x==0 || x==1)
  return 3;
p=x-func (x-2) ;
return p;
}
```

（2）以下程序的运行结果是 _____。

```
#include <stdio. h>
int m=13;
int func (int x, int y)
{
int m=3;
return (x*y-m) ;
}
void main ()
{
int a=7, b=5;
printf ("%d\n", func (a, b) /m) ;
}
```

（3）以下程序的运行结果是 _____。

```
#include <stdio. h>
void func (int) ;
void main ()
{
int k=4;
```

```
func（k）;
func（k）;
 }
 void func（int a）
 {
static int m=0;
m+=a;
printf（"%d\n"，m）;
 }
```

（4）以下程序的运行结果是 ______。

```
 #include <stdio.h>
 int sum（int k）;
 void main（）
 {
int s，i;
for（i=1；i<=10；i++）
   s=sum（i）;
printf（"s=%d\n"，s）;
 }
 int sum（int k）
 {
static int x=0;
return（x+=k）;
 }
```

参考文献

[1] 谭浩强．C程序设计（第五版）．北京：清华大学出版社，2017．

[2] 李春葆，喻丹丹，曾平，等．新编C语言习题与解析．北京：清华大学出版社，2013．

[3] 许琳，张晓贤．程序设计基础（C++描述）实训教程．北京：中国水利水电出版社，2008．

[4] 陆虹．程序设计基础—逻辑编程及C++实现实训教程．北京：高等教育出版社，2005．

[5] 周玉龙，刘璟．高级语言C++程序设计实验指导（第二版）．北京：高等教育出版社，2006．

[6] 孙淑霞，李思明，刘焕君．C/C++程序设计实验指导与测试（第2版）．北京：电子工业出版社，2007．

附录 A Visual C++ IDE 调试工具基本使用

Visual C++ 6.0 是 Microsoft 公司开发的基于 Windows 操作系统的 C/C++ 语言程序的可视化编程工具。当在 Windows 操作系统下正确安装 Visual C++ 6.0 后，就可以用启动 Windows 下其他应用程序一样的方法来启动 Visual C++ 6.0。

A.1 Visual C++ 6.0集成开发环境

A.1.1 Visual C++ 6.0 窗口

选择“开始”→“程序”→ Microsoft Visual Studio 6.0 → Microsoft Visual C++ 6.0 命令，若是第一次运行，将出现如图 A–1 所示的提示对话框。

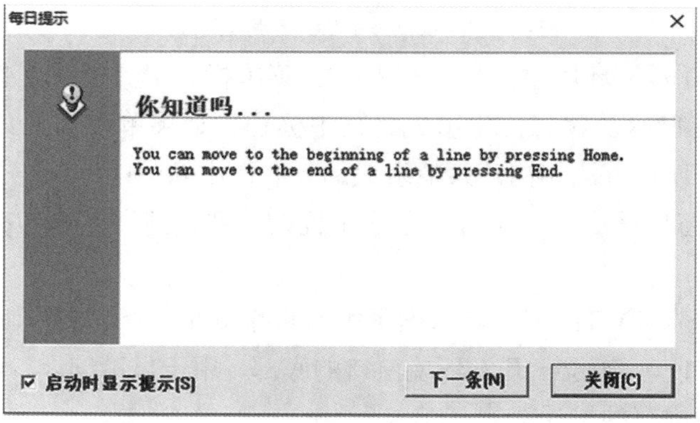

图 A–1 提示对话框

每单击一次“下一条”按钮，在该对话框中就可以看到有关各种操作的不同提示信息；如果以后运行 Visual C++ 6.0 时，不想出现该对话框，可不选“启动时显示提示”复选框；单击“关闭”按钮，关闭该对话框，进入 Visual C++ 6.0 开发环境主窗口，如图 A–2 所示。

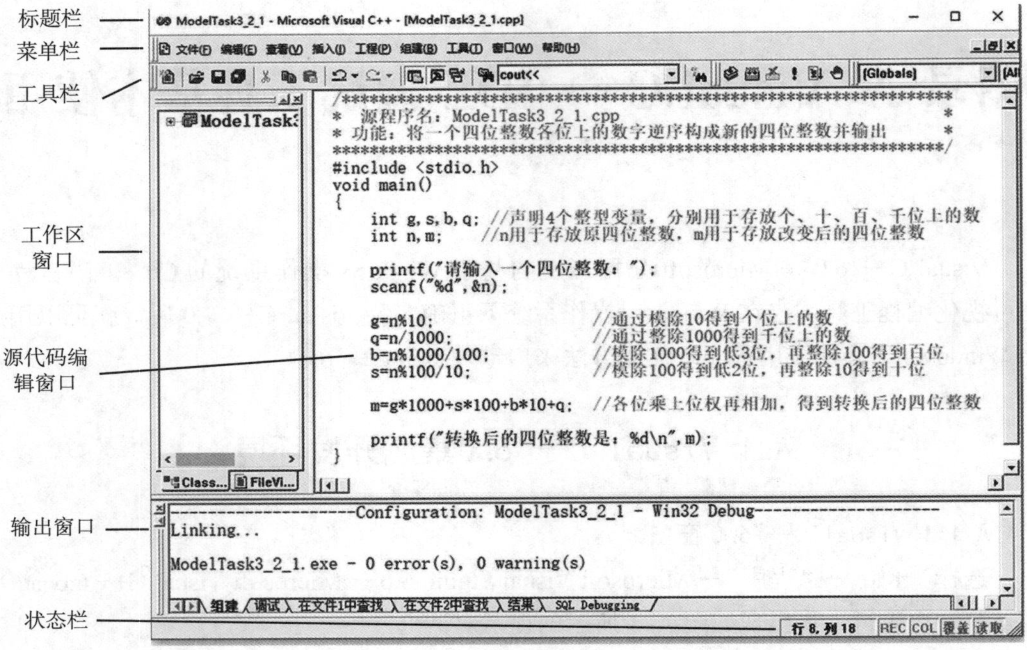

图A-2 Visual C++ 6.0 集成环境界面

Visual C++ 6.0 开发环境主窗口由标题栏、菜单栏、工具栏、工作区窗口、源代码编辑窗口、输出窗口以及状态栏等组成。其中标题栏、菜单栏和工具栏与 Windows 平台下的其他软件的使用方法相同。其他组成部分的作用如下：

（1）工作区窗口：该窗口包含了用户工程的一些信息，其中包括类、工程文件以及资源等。

（2）源代码编辑窗口：用于显示程序代码的源文件、资源文件、文档文件等。

（3）输出窗口：一般位于开发环境窗口的底部，用于显示编译、调试和查询结果，帮助用户修改用户程序的错误。

（4）状态栏：用于显示当前操作状态、注释、文本光标所在的行、列号等信息。

A.1.2 菜单

Visual C++ 6.0 集成开发环境（IDE）中的大部分操作都是通过菜单命令完成的。因此，了解各个菜单命令的功能是非常必要的。

Visual C++ 6.0 主窗口的菜单栏中包含 9 个主菜单项（如图 A–3）：文件、编辑、查看、插入、工程、组建、工具、窗口、帮助。

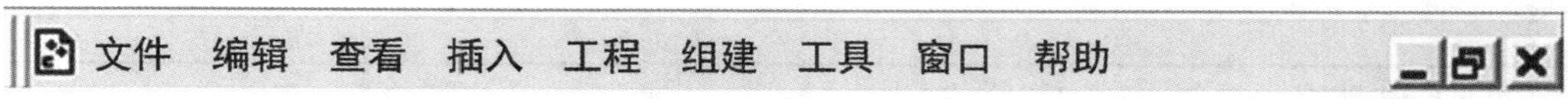

图A-3 集成环境菜单栏

1．文件菜单

文件菜单中的命令主要用于对文件和工作空间进行操作。其中包括允许用户创建、打开、保存或其他对文件进行操作的命令，同时也包括页面设置、打印文件、退出等命令。

表 A-1 中列出了文件菜单中的 14 个命令选项及其功能。

表A-1 文件菜单命令、快捷键及其功能

菜单命令	快捷键	功 能
新建（New）	Ctrl+N	创建一个新工程或文件
打开（Open）	Ctrl+O	打开已经有的文件
结束（Close）		关闭当前被打开的文件
打开工作区（Open Workspace）		打开一个已有的工作区
保存工作区（Save Workspace）		保存当前工作区
关闭工作区（Close Workspace）		关闭当前工作区
保存（Save）	Ctrl+S	保存当前文件
另存为（Save As）		把当前文件用另一个新文件名保存
全部保存（Save All）		保存所有打开的文件
页面设置（Page Setup）		设置打印文件的页面格式
打印（Print）	Ctrl+P	打印当前文件内容或当前选定的内容
新近的文件（Recent Files）		选择打开最近使用过的文件
新近的工作区（Recent Workspace）		选择打开最近使用过的工作区
退出（Exit）		退出 Visual C++ 6.0 开发环境

2．编辑菜单

编辑菜单的功能主要是对文件的内容进行编辑和查找等。其中撤销、重复、剪切、拷贝、粘贴、删除、全部选择、查找、查找文件、替换、定位命令的使用和 Windows 平台下的其他软件的使用类似，如表 A-2 所示。

表A-2 编辑菜单命令、快捷键及其功能

菜单命令	快捷键	功 能
撤销（Undo）	Ctrl+Z	撤销上一次操作
重复（Redo）	Ctrl+Y	恢复被撤销的操作
剪切（Cut）	Ctrl+X	剪切当前选中的内容到剪贴板中
拷贝（Copy）	Ctrl+C	将当前选中的内容复制到剪贴板中
粘贴（Paste）	Ctrl+V	将剪贴板中的内容粘贴到当前光标处
删除（Delete）	Del	删除当前选定的对象或光标位置后的字符

续表

菜单命令	快捷键	功能
全部选择（Select All）	Ctrl+A	选定当前活动窗口中的全部内容
查找（Find）	Ctrl+F	查找指定字符串
查找文件（Find in Files）		在指定的多个文件中查找字符串
替换（Replace）	Ctrl+H	替换指定的字符或字符串
定位（Go to）	Ctrl+G	将光标移到指定位置
书签（Bookmark）	Alt+F2	在光标当前位置处定义一个书签
高级（Advance）		一些其他编辑操作，例如将指定内容进行大小写转换
断点（Breakpoints）	Alt+F9	在程序中设置断点
List Members	Ctrl+Alt+T	显示“词语敏感器”的“成员列表”选项
Type Info	Ctrl+T	显示“词语敏感器”的“类型信息”选项
Parameter Info	Ctrl+Shift+Space	显示“词语敏感器”的“参数信息”选项
Complete Word	Ctrl+Space	显示“词语敏感器”的“词语自动完成”选项

3．查看菜单

查看菜单的命令主要用来控制窗口的显示方式、检查源代码、激活调试时所用的各个窗口等，其命令如表 A-3 所示。

表A-3　查看菜单命令、快捷键及其功能

菜单命令	快捷键	功能
建立类向导（ClassWizard）	Ctrl+W	弹出类编辑对话框
Resource Symbols		显示和编辑资源文件中的资源标识符
Resource Includes		修改资源包含文件
全屏显示（Full Screen）		切换到全屏显示方式
工作区（Workspace）	Alt+0	显示并激活工程工作区窗口
输出（Output）	Alt+2	显示并激活输出窗口
调试窗口（Debug Windows）		操作调试窗口
更新（Refresh）		刷新当前选定对象的内容
属性（Properties）	Alt+Enter	编辑当前选定对象的属性

4．插入菜单

插入菜单可以创建新类、资源和窗体，并将它们插入文档中，也可以将文件作为文本插入文档中，还可以把新的 ATL 对象添加到工程中，其命令如表 A-4 所示。

表A-4　插入菜单命令、快捷键及其功能

菜单命令	快捷键	功能
新建类（New Class）		插入一个新类
新建形式（New Form）		插入一个新的表单类
资源（Resource）	Ctrl+R	插入指定类型的新资源
资源拷贝（Resource Copy）		拷贝一个不同语言的资源副本
File As Text		在当前光标位置处插入文本文件内容
新建 ATL 对象（New ATL Object）		插入一个新的 ATL 对象到工程中

5．工程菜单

工程菜单主要用于对工程和工作区的管理，可以选择指定项目为工作区中的当前（活动）项目，也可以将文件、文件夹等添加到指定的项目中，还可以编辑和修改项目间的依赖关系，其命令如表 A-5 所示。

表A-5　工程菜单命令、快捷键及其功能

菜单命令	快捷键	功能
设置活动工程（Set Active Project）		激活指定工程
添加工程（Add To Project）		将组件或外部源文件添加到当前工程中
从属性（Dependencies）		编辑当前工程的依赖关系
设置（Settings）	Alt+F7	修改当前编译和调试工程的设置
输出制作文件（Export Makefile）		生成当前可编译和调试工程的设置
插入工程到工作区（Insert Project into Workspace）		将工程插入工程工作区中

6．组建菜单

“组建”菜单包括了如表 A-6 所示的用于编译、链接和运行应用程序的命令。

表A-6　组建菜单命令、快捷键及其功能

菜单命令	快捷键	功能
编译（Compile）	Ctrl+F7	编译 C++ 源程序文件
构件（Build）	F7	生成 .exe 可执行文件
重建全部（Rebuild All）		重新编译、链接整个工程文件
批构件（Batch Build）	Alt+F7	成批编译、链接多个工程文件
清洁（Clean）		清除所有编译、链接过程中产生的文件
开始调试（Start Debug）		可执行调试的一些操作
调试程序远程链接（Debugger Remote Connection）		设置远程调试链接的各项环境设置
执行（Execute）	Ctrl+F5	执行应用程序
放置可运行配置（Set Active Configuration）		设置当前工程的配置

续表

菜单命令	快捷键	功能
配置（Configuration）		设置、修改工程的配置
简档（Profile）		为当前应用程序设定各选项
快快查看（Quick Watch）		查看和修改变量和表达式

7．工具菜单

工具菜单允许用户简单快速地访问多个不同的开发工具，如定制工具栏与菜单、激活常用的工具或者更改选项等。工具菜单命令如表 A-7 所示。

表A-7　工具菜单命令、快捷键及其功能

菜单命令	快捷键	功能
来源浏览器（Source Browse）	Alt+F12	浏览对指定对象的查询及其相关信息
结束来源浏览器文件（Close Source Browse File）		关闭浏览信息文件
Visual Component Manager		弹出 VCM.VBD 窗口，用于组织、寻找和插入组件到某个 Visual Studio 项目中
Error Lookup		检查大多数 Win32 API 函数返回的标准错误代码
OLE/COM Object Viewer		弹出 OLE/COM Object Viewer 对话框，提供安装在所有 OLE 以及 ActiveX 对象的信息
Spy++		监视消息、进程、线程和窗口，以及这些元素之间的关系
MFC Tracer		激活各种级别的调试消息
定制（Customize）		定制菜单及工具栏
选择（Options）		改变开发环境的各种设置
宏（Macro）		进行宏操作
记录高速宏（Record Quick Macro）	Ctrl+Shift+R	录制新宏
播放高速宏（Play Quick Macro）	Ctrl+Shift+P	运行录制的新宏

8．窗口菜单

窗口菜单命令如表 A-8 所示，主要用于文档窗口的操作。

表A-8　窗口菜单命令、快捷键及其功能

菜单命令	快捷键	功能
新建窗口（New Windows）		打开一个新的文档窗口显示当前文档窗口的内容
拆分（Split）		将文档窗口切分
还原窗口（Docking View）	Alt+F6	浮动显示工程工作区窗口
结束（Close）		关闭当前文档窗口
全部结束（Close All）		关闭全部打开的文档窗口
前窗（Previous）		激活并显示上一个文档窗口
后窗（Next）		激活并显示下一个文档窗口

续表

菜单命令	快捷键	功能
层叠窗口（Cascade）		层叠所有的文档窗口
横向平铺窗口（The Horizontally）		横向平铺（上下依次排列）所有的文档窗口
纵向平铺窗口（The Vertically）		纵向平铺（左右依次排列）所有的文档窗口
窗口资源（Windows）		弹出“窗口资源”对话框，对文档窗口进行操作

9．帮助菜单

帮助菜单与Windows的其他应用软件一样，提供了与软件有关的大量帮助信息，其中的命令如表A-9所示。

表A-9　帮助菜单命令、快捷键及其功能

菜单命令	快捷键	功能
帮助目录（Contents）		按目录形式显示帮助信息
搜索（Search）		按查询方式获得帮助信息
索引（Index）		按索引方式显示帮助信息
应用扩展帮助（Use Extension Help）		选中该命令后，按F1键将显示外部的帮助信息；若没有选中该命令，则启用MSDN
快捷键图表（Keyboard Map）		显示所有的键盘命令
开始时的提示（Tip of the Day）		显示“当时的提示”对话框
技术支持（Technical Support）		用微软技术支持的方式获得帮助
Microsoft在线（Microsoft on the Web）		打开微软网站
关于创天VC++（About Visual C++）		Visual C++的版本、注册等信息

A.1.3　工具栏

工具栏是由一系列的工具按钮和编辑框构成的，它是一种图形化的操作界面，具有快捷直观的特点。工具栏上的按钮通常和一些常用的菜单命令相对应。Visual C++ 6.0包含有十几种工具栏。默认情况下，开发环境中显示有“标准”工具栏、“类向导”工具栏（WizardBar）和“编译微型条”工具栏。

1．“标准”工具栏

“标准”工具栏中的工具按钮大多数代表常用的文档编辑命令，如新建、打开、保存、复制、剪切、粘贴、撤销、恢复、查找等。如图A-4所示的“标准”工具栏中，从左至右的工具按钮的含义如表A-10所示。

图A-4　“标准”工具栏

表A-10 “标准”工具栏中各命令按钮的功能

命令按钮	功能
新建文本文件（New Text File）	新建一个文本文件
打开（Open）	打开已存在的文件
保存（Save）	保存当前文档
全部保存（Save All）	保存所有打开的文档
剪切（Cut）	剪切
复制（Copy）	复制
粘贴（Paste）	粘贴
撤销（Undo）	撤销上一次操作
恢复（Redo）	恢复被撤销的操作
工作空间（Workspace）	显示或隐藏项目工作区窗口
输出（Output）	显示或隐藏信息输出窗口
窗口列表（Window List）	文档窗口操作
在文件中查找（Find in Files）	在指定的多个文件中查找字符串
查找（Find）	指定要查找的字符串
搜索（Help System Search）	查找系统帮助信息

2. “类向导”工具栏

“类向导”工具栏由3个下拉列表框和一个“Wizard Actions”控制按钮组成。如图A-5所示。3个下拉列表从左至右分别为标识类信息（WizardBar C++ Class）、选择相应类的资源标识（WizardBar C++ Filter）和相应类的成员函数（WizardBar C++ Members），单击“Wizard Actions”控制按钮旁边的“”会打开一个快捷菜单，从中可以选择要执行的命令。

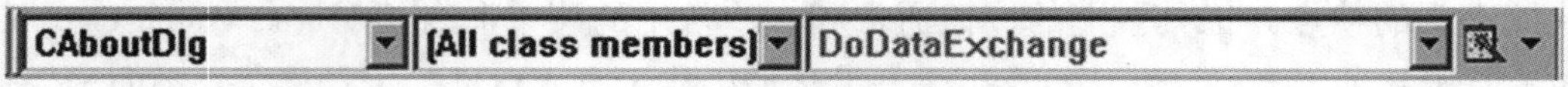

图A-5 “类向导”工具栏

3. “编译微型条”工具栏

“编译微型条”工具栏中提供了常用的编译、链接、运行、单步执行等命令按钮。如图A-6所示的“标准”工具栏中，从左至右的工具按钮的含义如表A-11所示。

图A-6 “编译微型条”工具栏

表A-11 “编译微型条”工具栏中各命令按钮的功能

命令按钮	功　能
Compile	编译源代码文件
Build	生成应用程序的可执行文件
BuildStop	停止编译
BuildEcecute	编译并执行应用程序
Go	单步执行
Insert/Remove BreakPoint	插入或清除断点

A. 2　控制台应用程序的调试与运行

A. 2. 1　控制台应用程序的编辑步骤

所谓控制台应用程序，是指那些需要与传统的DOS操作系统保持某种程序的兼容，同时又不需要为用户提供完善界面的程序。简单地说，就是指在Windows环境下运行的DOS程序。控制台应用程序比较适合于那些初学程序设计基础的人员编写一些测试和验证程序。在Visual C++ 6.0的IDE中，应用程序向导AppWizard能帮助用户快速创建一些常用的应用程序类型框架。

1．启动 Visual C++ 6.0

选择“开始”→“程序”→ Microsoft Visual Studio 6.0 → Microsoft Visual C++ 6.0命令，进入Visual C++ 6.0编程环境，如图A-7所示。

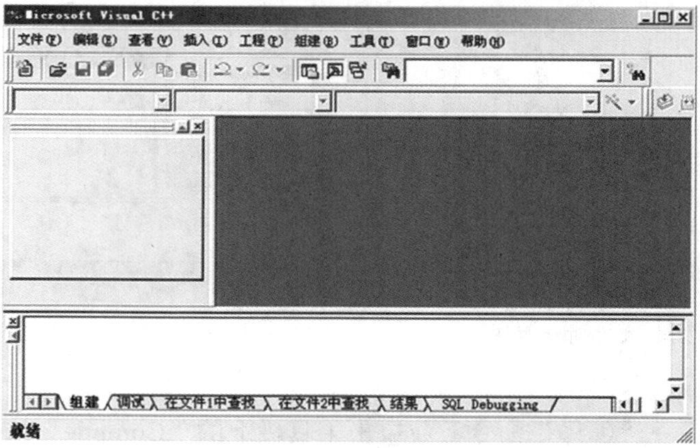

图A-7　Visual C++ 6.0 IDE主窗口

2．新建工程

选择“文件”→“新建”命令，弹出“新建”对话框，如图A-8所示。在“新建”对话框中选择“工程”标签下的“Win32 Console Application”项（指定工程类型为32位控制台应用程序）。然后在“位置：”文本框中指定新建工程的路径，最后在“工程名称：”文本框中输入新建工程的名称，单击“确定”按钮，单击“完成”按钮，单击“确定”按钮，弹出工程编辑窗口，如图 A–9 所示。

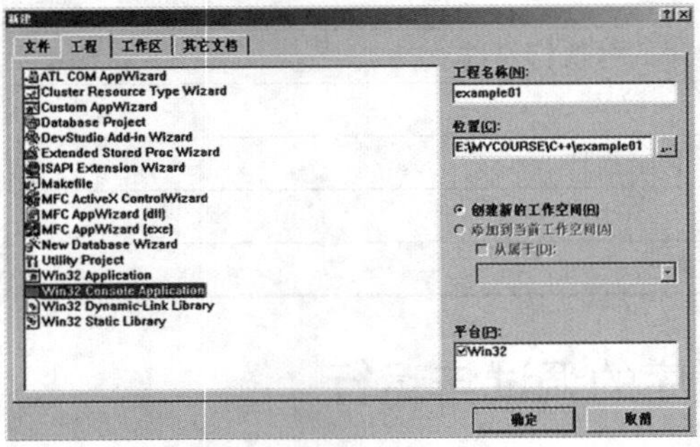

图A–8 新建工程文本框

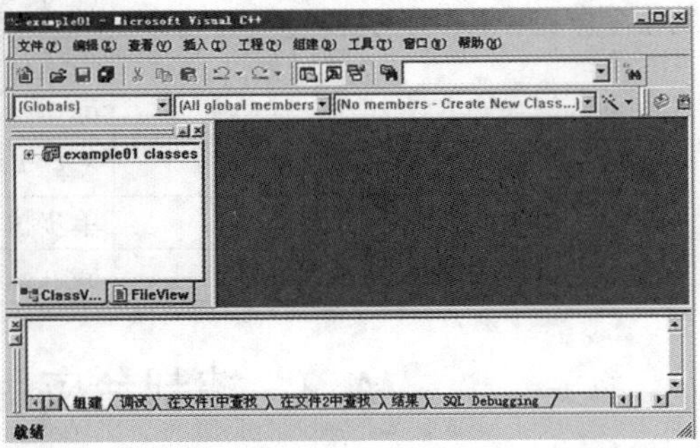

图A–9 工程编辑窗口

3. 新建源程序文件

在图 A–9 的工程文件编辑窗口中，选择“文件”→“新建”命令，弹出“新建”对话框，如图 A–10 所示。在对话框中，选择“文件”标签中的“C++ Source File”项（注意：默认文件类型是“Active Server Page”），在“文件名称”文本框中输入源程序文件名，再单击“确定”按钮，然后在工程编辑窗口中将出现源程序文件的编辑窗口，如图 A–11 所示。输入源程序的全部内容，然后执行“文件”→“保存”或“文件”→“另存为”命令，保存源文件。

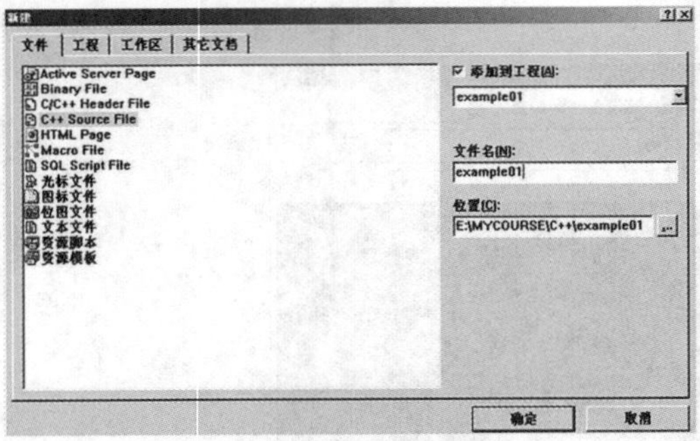

图A–10 新建文件对话框图

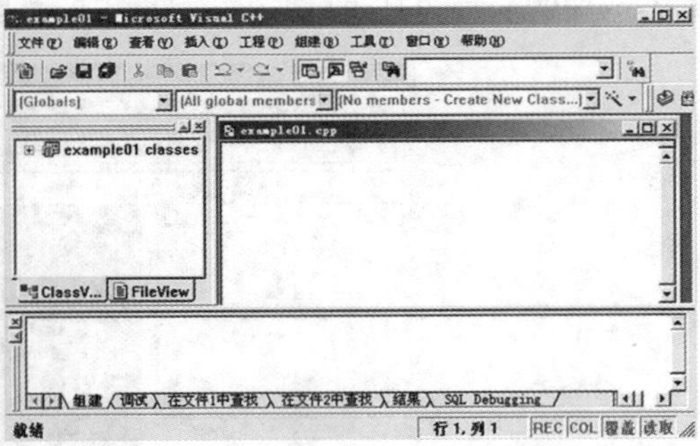

A–11 源程序文件编辑子窗口

4. 编译

选择“组建”→“编译”命令，或单击工具栏上的“Compile”按钮“”，或按 Ctrl+F7 键，编译源文件，生成目标文件。编译完成后，在输出窗口中显示编译信息，如图 A–12 所示。

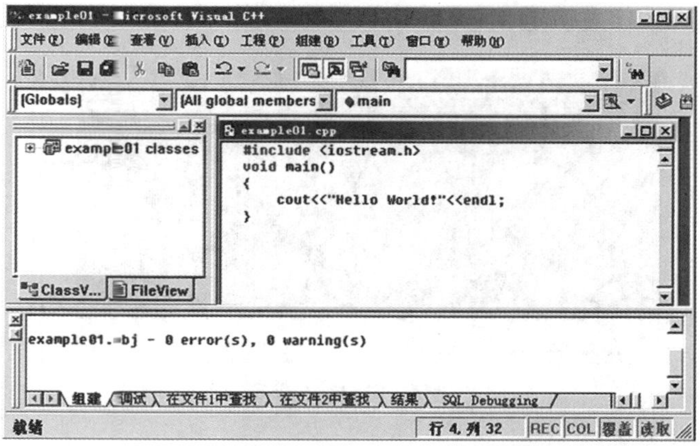

图A－12 编译正确时输出的信息

> 如果显示有错误“error（s）”，表示程序中存在致命的错误，必须修改正确才可以通过编译；如果显示有警告“warning（s）”，虽然不影响生成目标文件，但通常也应该修改正确。

5．链接

选择“组建”→“组建”命令，或单击工具栏上的“Build”按钮“ ”，或按F7键，生成可执行文件。输出的信息如图A–13所示（说明：也可省略第4步，直接执行第5步）。

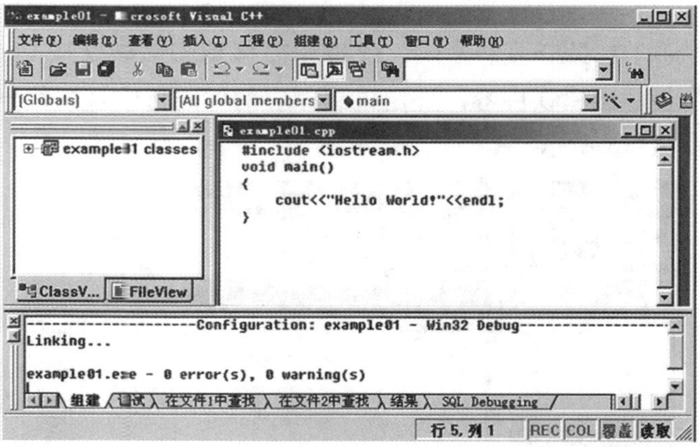

图A－13 链接成功时输出的信息

6．运行

选择“组建”→“执行”命令，或单击工具栏上的“BuildExecute”按钮“!”，或按Ctrl+F5键，执行该程序，出现如图A–14所示的运行窗口，其中“Press any key to continue”提示用户按任意键退出DOS窗口，返回到Visual C++编辑窗口。

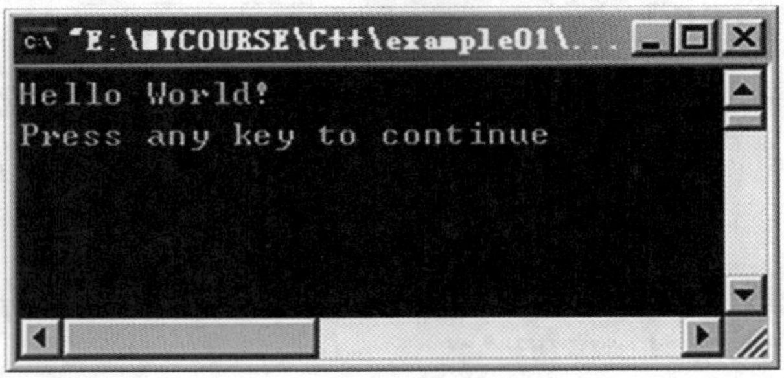

图A-14 运行结果

A.2.2 程序简单调试

在软件开发过程中，大部分工作往往体现在程序的调试上。调试一般按这样的步骤进行：修正语法错误→设置断点→启用调试器→控制程序运行→查看和修改变量的值。

1．修正语法错误

调试最初的任务主要是修正一些语法错误，这些错误包括：

（1）未定义或不合法的标识符，如变量名、函数名、类名等。

（2）数据类型或参数类型及个数不匹配。

上述语法错误在程序编译后，会在输出窗口中列出所有错误项，并且给出每个错误所在的文件名、行号及其错误编号。若用户将光标移到输出窗口的错误编号上，按F1键可启动MSDN并显示出错误的内容，从而帮助用户理解错误产生的原因。

为了能使用户快速定位到错误产生的源代码位置，Visual C++ 6.0提供下列一些方法：

（1）在输出窗口中双击某个错误，或将光标移到该错误处按Enter键，则该错误被亮显，状态栏上显示出错误内容，并定位到相应的代码行中且该代码行最前面有个蓝色箭头标志，如图A-15所示。

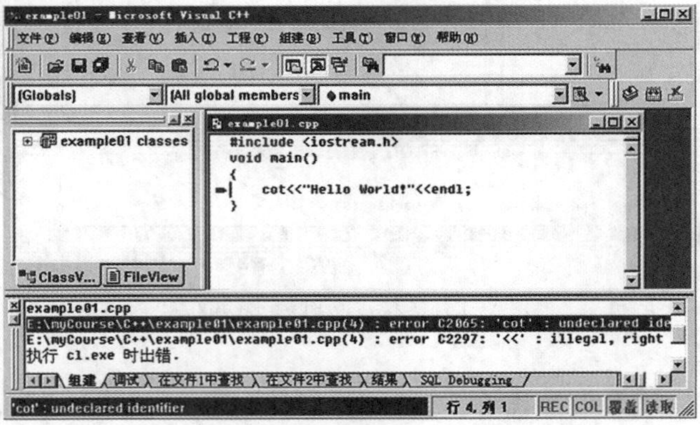

图A-15 双击输出窗口的错误信息的显示结果

（2）按 F4 键可显示下一个错误，并定位到相应的源代码行。

（3）在输出窗口中的某个错误项上，右击鼠标，在弹出的快捷菜单中选择“转到错误 / 标记（Go To Error/Tag）”命令。

一旦语法错误被修正，编译、链接后就会出现类似“example01．exe - 0 error（s），0 warning（s）”的字样。但这并不是说此项目完全没有错误，相反它可能还有“异常”“断言”等其他逻辑错误，而这些错误在编译时是不会显示出来的，只有当程序运行后才会出现。

2．设置断点

一旦程序运行过程中发生错误，就需要设置断点分步进行查找和分析。所谓断点，实际上就是告诉调试器在何处暂时中断程序的运行，以便查看程序的状态以及浏览和修改变量的值等。

当在文档窗口中打开源代码文件时，则可用下面的 3 种方式来设置位置断点：

（1）按快捷键 F9。

（2）在“编译微型条”工具栏上单击“”按钮。

（3）在需要设置（或清除）断点的位置上右击鼠标，在弹出的快捷菜单中选择“Insert/Remove Breakpoint”命令。

利用上述方式可以将位置断点设置在程序源代码中指定的一行上，或者某函数的开始处或指定的内存地址上。一旦断点设置成功，则断点所在的代码行的最前面的窗口页边距上有一个深红色的实心圆块，如图 A–16 所示。

图A–16 设置的断点

需要说明的是，若在断点所在的代码行中再使用上述的快捷方式进行操作，则相应的位置断点被清除。若此时使用快捷菜单方式进行操作时，菜单项中还包含“Disable Breakpoint”命令，选择此命令后，该断点被禁用，相应的断点标志由原来的红色的实心圆变成空心圆。

3．启用和终止调试器

选择“组建”→“开始调试”→“Go”“Step Into”或“Run To Cursor”命令，就可以启动调试器了。启动调试器后，菜单栏中原来的“组建”菜单变成了“调试”菜单，同时增加了“调试”工具栏，如图 A–17 所示。可选择“调试”菜单中的“Stop Debugging”命令（如图 A–18 所示）或直接按快捷键 Shift+F5 终止调试器。

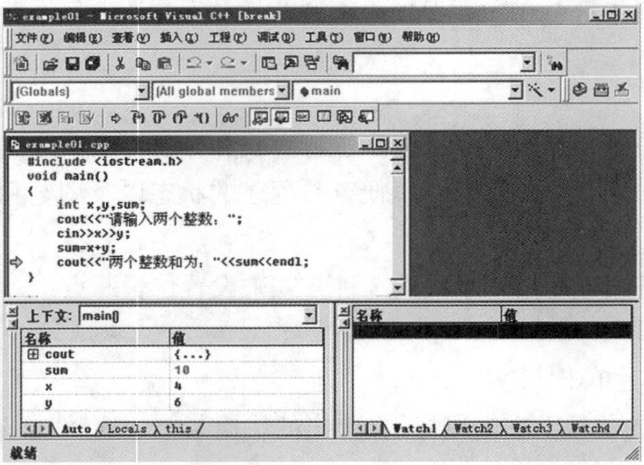

图A–17 启动调试器后的界面

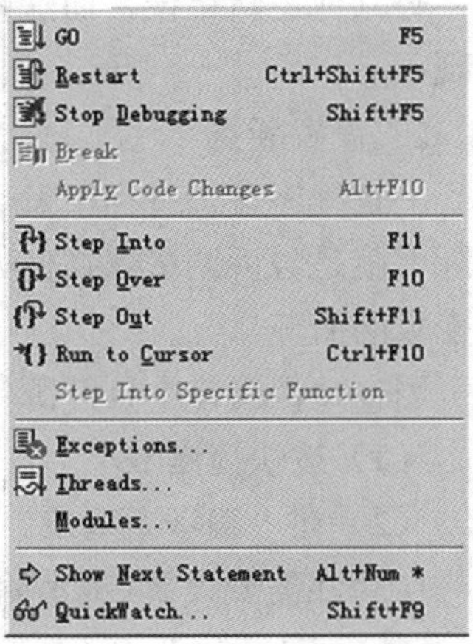

图A–18 “调试”菜单

4．控制程序运行

当程序开始运行在调试状态下时，程序会由于断点而停顿下来。这时可以看到有一个黄色的小箭头，它指向即将执行的代码，如图 A–17。

“调试”菜单中有 4 条命令“Step Into”“Step Over”“Step Out”和“Run to Cursor”是用来控制程序运行的，其含义是：

- Step Over：运行当前箭头指向的代码（只运行一条代码）。
- Step Into：如果当前箭头所指向的代码是一个函数的调用，则用 Step Into 进入该函数进行单步执行。
- Step Out：如果当前箭头所指向的代码是在某一函数内，则用它使程序运行至函数返回处。
- Run to Cursor：使程序运行至光标所指的代码处。

5．使用 QuickWatch 窗口查看和修改变量的值

为了更好地进行程序调试，调试器还提供一系列的窗口，用来显示各种不同的调试信息。用户借助“查看”菜单下的“调试窗口”子菜单（如图 A–19 所示）可以访问它们。事实上，当启动调试器后，Visual C++ 6.0 的开发环境会自动显示出 Watch 和 Variables 两个调试窗口，如图 A–17 所示。

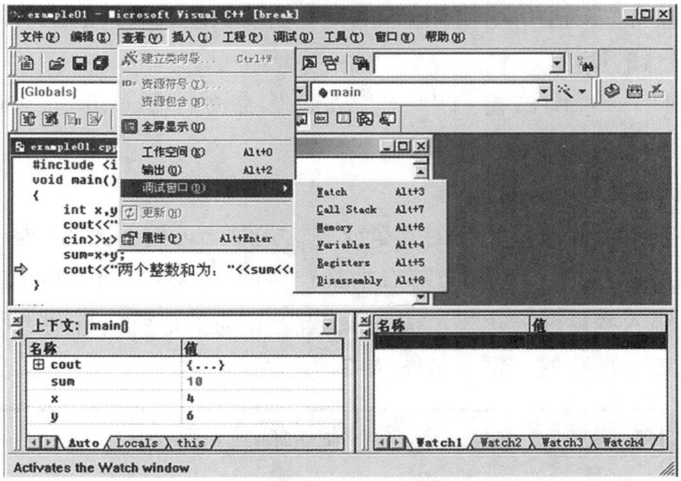

图A-19 启动调试器后的“查看”菜单

除了上述窗口外，调试器还提供Quick Watch、Memory、Registers、Call Stack以及Disassembly等窗口。但对于变量值的查看和修改来说，通常可以使用Quick Watch、Watch和Variables这三个窗口。

Quick Watch（快速查看）窗口用来帮助用户快速查看或修改某个变量或表达式的值。当然，若用户仅需要快速查看变量或表达式的值，则只需要将鼠标指针直接放在该变量或表达式上，片刻后，系统会自动弹出一个小窗口显示出该变量或表达式的值。

在启动调试器后，选择“调试”→“QuickWatch”命令或按快捷键Shift+F9，将弹出如图A-20所示的QuickWatch窗口。

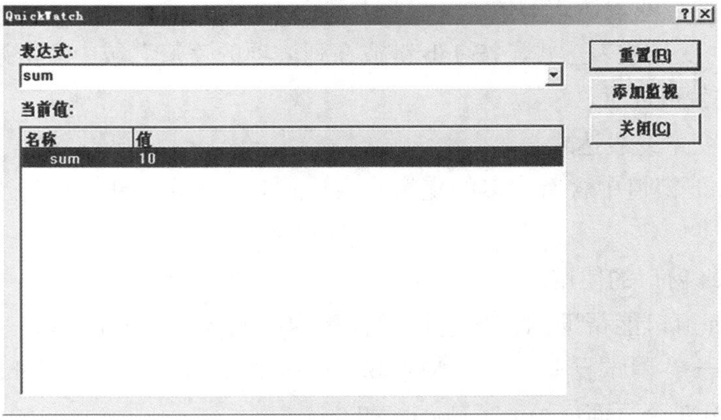

图A-20 QuickWatch窗口

其中，“表达式”框可以让用户键入变量名或表达式，然后按Enter键或单击“重置”按钮，就可以在“当前值”列表中显示出相应的值。若想要修改其值的大小，则可按Tab键或在列表项的“值”域中双击该值，再输入新值按Enter键就可以了。

单击“添加监视”按钮可将刚才输入的变量名或表达式及其值显示在Watch窗口中。

6. Watch窗口的使用

选择“调试”→“调试窗口”→“Watch”命令，则显示出Watch窗口（见图A-17）操作时，需要注意下面一些技巧：

（1）添加新的变量或表达式

当用户需要查看或修改某个新的变量或表达式时，可按下面的步骤向Watch窗口添加相应的变量或表达式：首先选定窗口中某个页面，然后在末尾的空框处，单击左边的“名称”域，输入变量或表达式，按Enter键，相应的值就会自动出现在“值”域中。同时，又在末尾处出现新的空框，如图A-21所示。

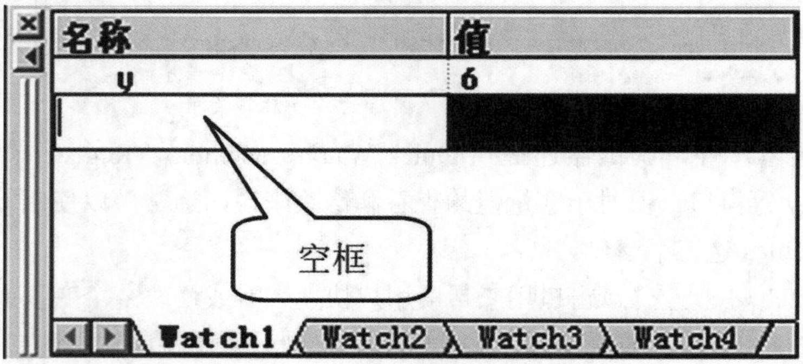

图A-21 添加新的变量或表达式

若用户想要查看变量或表达式的类型时，则可在相应的变量或表达式中右击鼠标，并从弹出的快捷菜单中选择“属性（Properties）”。

（2）修改变量或表达式的值

选中相应的变量或表达式，按Tab键或在列表项的“值”域中双击该值，再输入新值，按Enter键就可以了。

（3）删除变量或表达式

有时，Watch窗口中含有太多的变量或表达式时，单击Del键可将当前选定的变量或表达式删除。

7. Vatiables窗口的使用

- Variables窗口能帮助用户快速访问程序当前的环境中所使用的一些重要变量。选择“调试”→“调试窗口”→“Variables”命令，则显示出Variables窗口（见图A-17），其中有3个页面：Auto、Locals和this。
- Auto页面：用来显示当前语句和上一条语句使用的变量，它还显示使用Step Over或Step Out命令后函数的返回值。
- Locals页面：用来显示当前函数使用的局部变量。
- this页面：用来显示由this所指向的对象信息。

上述各个页面内均有“名称”和“值”两个域，调试器自动填充它们。除了这些页面外，Variables 窗口还有一个“上下文（Context）”框，从该框的下拉列表中可以选定当前 CallStack 的指令，以确定在页面中显示变量的范围。

在 Variables 窗口中查看和修改变量数值的方法与 Watch 窗口相类似，这里不再重述。只是要注意，修改数组或结构体的数值时，要逐一修改其中的成员而不能一次修改整个数组或结构体。

以上是调试器进行程序调试的一些基本方法。当然，Visual C++6.0 功能强大的调试器还能调试断点、异常、线程、OLE，可以远程调试等且支持多平台和平台间的开发。

附录 B Visual C++6.0 常见编译错误信息

1．fatal error C1004：unexpected end of file found

遇到了不该遇到的文件尾。一般是 main 函数的函数体没有“}”。

2．fatal error C1083：Cannot open include file：‘stu．h’：No such file or directory

不能打开包含文件“stu. h”：没有这样的文件或目录。

3．error C2018：unknown character ‘0xa3’

不认识的字符‘0xa3’。一般是汉字或中文标点符号。

4．error C2051：case expression not constant

case 表达式不是常量。一般出现在 switch 语句的 case 分支中。

5．error C2065：‘s’：undeclared identifier

“s”：未声明过的标识符。

6．error C2082：redefinition of formal parameter 'x'

函数参数“x”在函数体中重定义。

7．error C2143：syntax error：missing‘：’before‘{’

句法错误：“{”前缺少“；”。

8．error C2146：syntax error：missing‘；’before identifier ‘dc’

句法错误：在“dc”前丢了“；”。

9．error C2196：case value‘69’already used

值 69 已经用过。一般出现在 switch 语句的 case 分支中。

10．error C2660：‘SetTimer’：function does not take 2 parameters

“SetTimer”函数不传递 2 个参数。

11．error C2561：‘fun’：function must return a value

“fun”：函数必须有返回值。一般出现在函数头中定义有返回值类型，但函数体中没有 return 语句。

12．LINK：fatal error LNK1168：cannot open Debug/P1．exe for writing

连接错误：不能打开 P1．exe 文件，已改写内容。一般是 P1．exe 还在运行，未关闭。

13．error C2181：illegal else without matching if

未与 if 配对的不合法的 else。一般是 if 和 else 语句中间有其他语句。

14．error C2106：‘=’：left operand must be l-value

“=”：左边的操作数必须是变量。（例如，将“z=x+y；”错误地写成“x+y=z；”时会出现此错误）

15．error C2562：‘fun’：‘void’function returning a value

“fun”：返回值类型为“void”的函数返回了一个值。

16．error C2133：‘arr’：unknown size

“arr”：数组大小没有确定。例如，“int arr[ ]；”。

17．warning C4553：‘= =’：operator has no effect；did you intend‘=’？

没有效果的运算符“= =”；是否改为“=”？一般出现在赋值语句中，例如，将“x=6；”错误地写成“x= =6；”时会出现此警告信息。

18．warning C4700：local variable 'bReset' used without having been initialized

局部变量“bReset”没有初始化就使用。

19．warning C4101：‘y’：unreferenced local variable

“y”：未被引用的局部变量。一般是声明了一个变量，但后面未对其进行应用。

附录C 自测题参考答案

实训 1.1 认识C语言程序设计的基本流程及其开发环境

1. 单项选择题

1	2	3	4	5	6	7	8	9	10
B	A	C	B	B	D	C	A	C	C
11	12	13							
C	A	A							

2. 填空题

（1） #include （2） main （3） // （4） F5 （5） F7

（6） 语法错误 、 逻辑错误

实训 2.1 算法设计

1. 单项选择题

1	2	3							
B	C	C							

2. 填空题

（1） 有穷性 、 确定性 、 可行性（有效性） 、 有零个或多个输入 、有一个或多个输出

（2） 顺序结构 、 选择结构 、 循环结构

（3） 自顶向下 、 逐步求精 、 单入口单出口

实训 3.1 数据类型与数据的输入 / 输出

1．单项选择题

1	2	3	4	5	6	7	8	9	10
B	C	D	B	A	B	D	C	D	B
11	12	13	14	15	16	17	18	19	20
A	B	D	A	D	C	D	C	A	C

2．填空题

（1）%c 、 %d 、 %f

（2）\ （3）0 （4）C （5）stdio.h 、 scanf（“%d”，&x）

3．程序阅读题

（1）This is a hello world program. （2）a=62.83 ，b=314.16

实训 3.2 表达式与表达语句

1．单项选择题

1	2	3	4	5	6	7	8	9	10
D	C	B	C	D	A	D	B	A	B
11	12	13							
C	A	B							

2．填空题

（1）0 （2）1 （3）6 （4）&& （5）+ （6）字符

3．程序阅读题

（1）0，1 （2）0 （3）1

（4）AB

（5）x=3.600000，i=3

（6）9，11，9，10

4．编程题

（1）参考代码

```
#include <stdio.h>
void main（）
{
    int x，y;
    printf（“请输入两个整数：”）；
    scanf（“%d%d”，&x，&y）；
    if（x==y）
        printf（“1\n”）；
    else
        printf（“0\n”）；
}
```

（2）参考代码

```
#include <stdio.h>
void main（）
{
    float s1，s2;
    printf（“请输入两个整数：”）；
    scanf（“%f%f”，&s1，&s2）；
    if（s1>=85 && s2>=85）
        printf（“真棒！ \n”！）；
    else
        printf（“加油！ \n”）；
}
```

实训 3.3 结构体与枚举类型

1．单项选择题

1	2	3	4	5	6	7	8	9	10
C	A	D	B	D	D	C	C	B	B

2．程序阅读题

（1）0，1，2，3　　（2）The num of my is 100 The str of my is hello

实训 4.1 if语句

1．单项选择题

1	2	3	4	5	6	7	8	9	10
D	C	B	B	C	C	D	D	A	D

2．程序阅读题

（1）6　（2）-1　（3）16　（4）F　（5）2　（6）3

3．编程题

（1）

```
#include <stdio.h>
void main（）
{
    int num;
    printf（“请输入一个整数：”）；
    scanf（“%d”，&num）；
    if （num%3==0 || num%5==0 || num%7==0）
    {
      if（num%3==0）printf（“%5d”，3）
      if（num%5==0）printf（“%5d”，5）；
      if（num%7==0）printf（“%5d”，7）；
      printf（“\n”）；
    }
    else
      printf（“均不能被整除 \n”）；
}
```

（2）

```
#include <stdio.h>
void main（）
{
      int n，x，sum=0；// 存放原四位数、反序数、和
        int g，s，b，q；// 存放个、十、百、千位
        printf（“请输入一个四位整数：\n”）；
        scanf（“%d”，&n）；
        g=n%10；
        s=n/10%10；
        b=n/100%10；
        q=n/1000；
        x=g*1000+s*100+b*10+q；
        sum=n+x；
        printf（“%d+%d=%d\n”，n，x，sum）；
}
```

实训 4.2 switch语句

1．程序阅读题

（1） 60-69
60
error

（2） **1**
3

（3） $&

2．编程题

```
#include <stdio.h>
void main（）
{
      float x；
      int y；
      printf（“请输入 x：”）；
      scanf（“%f”，&x）；
```

```
    switch（x<0）
    {
    case 1：
        y=－1；break；
    case 0：
        switch（x==0）
        {
        case 1：
            y=0；break；
        default：
            y=1；break；
        }
    }
    printf（“y=%d\n”，y）；
}
```

实训 4.3 循环语句

1．单项选择题

1	2	3	4	5	6	7	8		
B	A	A	B	C	C	A	D		

2．程序填空题

（1）①_-1_ ②_i+=2_ ③_t*i_ （2）①_x_ ②_n%10_ ③_m= =0_

3．编程题

（1）

```
#include <stdio.h>
void main（）
{
    float sum=0，t=1，b=1；
    int i；
    i=2；
```

```
    while（t>=1e-4）
    {
        sum+=t;
        b*=i;
        t=1.0/b;
        i++;
    }
    printf（“sum=%.1f\n：”，sum）;
}
```

（2）

```
#include <stdio.h>
void main（）
{
    long p=1，result; //分别存放x的y次幂和最后结果
    int x，y;
    printf（“请输入x和y：”）;
    scanf（“%d%d”，&x，&y）;
    for（int i=1; i<=y; i++）
        p*=x;
    result=p%1000;
    printf（“最后三位数为：%ld\n”，result）;
}
```

实训 4.4 break和continue语句

1．单项选择题

1	2	3	4	5	6	7			
B	D	D	C	D	A	B			

2．填空题

（1）switch、循环

（2）3 1 -1

3．编程题

（1）

```
//方法一
#include <stdio.h>
#include <math.h>
void main（）
{
      int n，i;
      printf（“请输入一个整数：\n”）；
      scanf（“%d”，&n）；
      for（i=2；i<=sqrt（n）；i++）
      {
         if（n%i==0）
      break;
}
if（i>sqrt（n））
      printf（“%d 是素数。\n”，n）；
else
      printf（“%d 不是素数。\n”，n）；
}
//方法二
#include <stdio.h>
#include <math.h>
void main（）
{
int n，i，flag;
flag=1; //假设是素数
printf（“请输入一个整数：\n”）；
scanf（“%d”，&n）；
for（i=2；i<=sqrt（n）；i++）
{
      if（n%i==0）
  {
```

```
        flag=0；
        break；
      }
   }
   if（flag==1）
        printf（“%d 是素数。\n”，n）；
   else
        printf（“%d 不是素数。\n”，n）；
  }
```

（2）

```
#include <stdio.h>
void main（）
{
     int f1，f2，i；
     f1=f2=1；// 前两项为 1
     for（i=1；i<=10；i++）
     {
        printf（“%10d%10d\n”，f1，f2）；
        f1=f1+f2；
        f2=f2+f1；
     }
}
```

（3）

```
#include <stdio.h>
void main（）
{
     int n，max，min，i；
     printf（“请输入 10 个整数：”）；
     scanf（“%d”，&n）；
     max=n；// 把第一个数看成最大
     min=n；// 把第一个数看成最小
     for（i=1；i<=9；i++）
     {
        scanf（“%d”，&n）；
```

```
        if（max<n）
              max=n；
        if（min>n）
               min=n；
    }
    printf（“最大值是：%d，最小值是：%d\n”，max，min）；
}
```

实训 5.1 一维数组的使用

1．单项选择题

1	2	3	4	5					
C	B	C	C	B					

2．程序阅读题

（1）S=1234　　（2）sum=72

3．编程题

（1）

```
#include <stdio.h>
void main（）
{
    int a[10]；// 为从下标 1 开始使用
    int max，max_index；
    printf（“请输入 9 个整数：”）；
    for（int i=1；i<10；i++）
    {
       Scanf（“%d”，&a[i]）；
    }
    max=a[1]；// 把第 1 个数看成最大
    max_index=1；
    for（i=2；i<10；i++）// 该循环实现找到最大值
    {
```

```
            if（max<a[i]）
            {
                max=a[i];
                max_index=i;
            }
    }
    printf（“最大值为：”）;
    for （i=1; i<10; i++）
    {
        if （max==a[i]）
            printf（“%d\t”, a[i]）;
}
printf（“\n第一个最大值所在位置为：%d\n”, max_index）;
}
```

（2）

```
#include <stdio.h>
void main（）
{
    int a[12]; // 下标从 1 开始使用，并为插入一个元素做准备
    int num, n; //num 是要插入的数，n 为要插入的位置
    printf（“请输入 10 个整数：”）;
    for（int i=1; i<11; i++）// 从下标 1 开始使用
    {
        scanf（“%d”, &a[i]）;
    }
    printf（“请输入要插入的整数及其位置：”）;
    scanf（“%d”, &num）;
    for （i=10; i>=n; i--）// 从最后一个元素开始移动
    {
        a[i+1]=a[i]; // 顺次向后移 1 位
    }
    a[n]=num; // 将元素插入
    printf（“插入 %d 后的数组为：\n”, num）;
    for （i=1; i<12; i++）// 将插入元素后的数组进行输出
```

```
    {
        printf（“%d”，a[i]）；
    }
    printf（“\n”）；
}
```

实训 5.2 二维数组的使用

1．单项选择题

1	2	3	4	5	6	7	8		
C	C	B	D	D	D	B	B		

2. 程序阅读题

（1）357　　（2）1 0 0
0 1 0
0 0 1　　（3）数组 a：
1 2 3
4 5 6
数组 b：
1 4
2 5
3 6

3. 编程题

（1）

```
#include <stdio.h>
void main（）
{
    int a[3][3]，i，j，sum=0；
    printf（“请按行输入矩阵元素：”）；
    for（i=0；i<3；i++）
        for（j=0；j<3；j++）
            scanf（“%d”，&a[i][j]）；
    printf（“矩阵是：\n”）；
    for（i=0；i<3；i++）
```

```
    {
        for（j=0；j<3；j++）
        {
            printf（“%4d”，a[i][j]）；
            if（i==j）
             sum+=a[i][j]；
        }
        printf（“\n”）；
    }
    printf（“该矩阵主对角线之和为：%d\n”，sum）；
}
```

（2）

```
#include <stdio.h>
#define N 5// 学生人数
void main（）
{
    int score[N][5]，total[3]，avg[3]；
    //score 存放 5 名学生的 3 门分数、总分和平均分，total、avg 存放 3 门课程的总成绩和平均成绩
    int i，j，n；
    for （i=0；i<N；i++）
    {
        printf（“请输入第 %d 个学生语文、数学、英语成绩：”，i+1）；
        for（j=0；j<3；j++）
            scanf（“%d”，&score[i][j]）；
    }
    for（i=0；i<N；i++）// 计算每个学生 3 门课的总分和平均分
    {
        score[i][3]=0；
        for（j=0；j<3；j++）
              score[i][3]+=score[i][j]；// 求总分
        score[i][4]=score[i][3]/3；// 求平均分
    }
    for（j=0；j<3；j++）// 计算每门课程的总分和平均分
```

```
    {
        total[j]=0;
        for（i=0; i<N; i++）
            total[j]+=score[i][j]; // 求总分
        avg[j]=total[j]/N; // 求平均分
    }
    printf（“学号 \t 语文 \t 数学 \t 英语 \t 总分 \t 平均分 \n”）;
    for（i=0; i<N; i++）
    {
        printf（“%d\t”, i+1）; // 输出学号
        for（j=0; j<5; j++）// 输出每名同学各科成绩、总成绩、平均成绩
            printf（“%d\t”, score[i][j]）;
        printf（“\n”）;
    }
    printf（“总分：\t”）;
    for（i=0; i<3; i++）// 输出每门课程总分
        printf（“%d\t”, total[i]）;
    printf（“\n”）;
    printf（“平均分 \t：”）;
    for（i=0; i<3; i++）// 输出每门课程平均分
        printf（“%d\t”, avg[i]）;
    printf（“\n”）;
}
```

实训 6.1 函数的基本使用

1．单项选择题

1	2	3	4	5	6	7	8		
C	A	D	A	B	A	D	B		

2．程序阅读题

（1） max=2 （2） 8 9 （3） PROGRAMMING

3．编程题

（1）

```
#include <stdio.h>
int sum（int num）；
void main（）
{
    int n，s；
    printf（"请输入一个正整数："）；
    scanf（"%d"，&n）；
    s=sum（n）；
    printf（"正整数 %d 各位上数字之和是：%d\n"，n，s）；
}
int sum（int num）
{
   int s=0；
   while （num ！ =0）
   {
      s+=num%10；
      num/=10；
   }
   return s；
}
```

（2）

```
#include <stdio.h>
char fun（char ch）；// 函数原型声明
void main（）
{
    char ch；
    printf（"请输入一个小写字母："）；
    scanf（"%c"，&ch）；
    if （ch>='a' && ch<='z'）
    {
```

```
        printf（“字符 %c 的后继字符是：%c\n”，ch，fun（ch））；
    }
    else
    {
    printf（“您输入的不是小写字母字符！ \n”）；
}
}
char fun（char ch）
{
    char nextCh；//ch 的下一字符
    if（ch>=‘a’ && ch<=‘y’）
        nextCh=ch+1；// 应用 ASCII 码，赋值运算自动将 = 右侧的值转换成左侧
    变量的类型
else if（ch==‘z’）
        nextCh=‘a’；
    return nextCh；
}
```

实训 6.2 函数的参数传递

1．单项选择题

1	2	3	4	5	6	7	8		
A	D	B	C	B	D	A	A		

2．程序阅读题

（1）C　（2）3　（3）较大值：8 较小值：3

（4）向数组中插入一个整数，插入的下标为 n

（5）统计数组中正整数的个数

3．编程题

（1）

```
#include <stdio.h>
```

```
#include <math.h>
int invert（int n）；
int isPrime（int m）；
void main（）
{
    int n，m；// 分别存放原两位数和逆转后的两位数
    printf（“两位绝对素数有：\n”）；
    for（n=10；n<=99；n++）
    {
        m=invert（n）；// 调用 invert 函数求 n 的逆转数
        if（isPrime（n）&& isPrime（m））
            printf（“%5d”，n）；
    }
  printf（“\n”）；
}
int invert（int n）
{
  int num，g，s；//num 存放逆转数
  g=n%10；
  s=n/10；
  num=g*10+s；
  return num；
}
int isPrime（int m）
{
  int flag=1，i；
  for（i=2；i<sqrt（m）；i++）
  {
      if（m%i==0）
      {
          flag=0；
          break；
      }
  }
```

```
    return flag;
}
```

（2）

```
#include <stdio.h>
#define N 100
int COUNT（char str1[]，char str2[]）;
void main（）
{
    int count;
    char s1[N]，s2[N];
    printf（“请输入主串：”）;
    gets（s1）;
    printf（“请输入子串：”）;
    gets（s2）;
    count=COUNT（s1，s2）;
    printf（“出现次数：%d\n”，count）;
}
int COUNT（char str1[]，char str2[]）
{
    int i，j，k;
    int c=0;
    for（i=0; str1[i]; i++）// 字符串 1 未结束
    {
        for（j=i，k=0; str1[j]==str2[k]; j++，k++）//j 记录串 1 当前起始位置，
k 记录串 2 位置
        {
            if（! str2[k+1]）// 当串 2 未结束时，不计数。
                c++;
        }
    }
    return c;
}
```

实训 6.3 函数的综合应用

1．单项选择题

1	2	3	4	5					
B	C	D	D	D					

2．填空题

（1）静态、动态　（2）局部、全局

（3）函数头、函数体　（4）主调函数、被调函数

3. 程序阅读题

（1）7　（2）2　（3）4
8　（4）s=55

附录 D 模拟试题及参考答案

模拟试题一

一、单项选择题

1．由 C 语言源程序文件编译而成的目标文件的扩展名为（ ）。

A. .cpp　　B. .exe　　C. .dsw　　D. .obj

2．下列哪项是合法的用户标识符（ ）。

A. int　　B. INT　　C. stu-name　　D. 51city

3．设 x、y 均为 float 型变量，则以下不合法的赋值语句是（ ）

A. x+=1；　　B. x*=y+8；　　C. y=（x%4）/10；　　D. x=y=0；

4. 若 x，y，z 均被定义为整数，则下列表达式终能正确表达代数式 1/（x*y*z）的是（ ）。

A. 1/x*y*z　　B. 1.0/（x*y*z）　　C. 1/（x*y*z）　　D. 1/x/y/（float）z

5．变量说明语句 char s =‘\n’，使 s 包含了（ ）个字符。

A. 1　　B. 2　　C. 3　　D. 说明有错

6．下列关于函数作用的说法错误的是（ ）。

A. 一次编写，多次调用

B. 实现某种带有通用性的功能

C. 提高程序的执行效率

D. 使程序结构更加清晰，易于理解，便于分工

7．已知 char s[]=“program”；输出时显示字符‘o’的表达式是（ ）

A.s[0]　　B.s[1]　　C.s[2]　　D.s[3]

8．若有声明 int a[10]　i；下面对一维数组元素的正确访问是（ ）。

A.a[2*3]　　B.a（0）　　C.a[10]　　D.a[2+i]

9．下面程序中，循环语句 while 执行的循环次数是（ ）。

```
# include <stdio.h>
void main（ ）
{
 int k=2；
```

```
    while（k=0）
        printf（“%d\n”，k）;
    k--;
    printf（“%d\n”，k）;
}
```

A. 无限次　　B. 2 次　　C. 1 次　　D. 0 次

10．在 C 语言中，while 和 do-while 循环的主要区别是（　）。

A. do-while 的循环体至少无条件执行一次

B. while 的循环控制条件比 do-while 的循环控制条件严格

C. do-while 允许从外部转到循环体内

D. do-while 的循环体不能是复合语句

11．给出以下定义：

```
char X [ ] = “abcdef”;
char Y [ ] ={ ‘a’，‘b’，‘c’，‘d’，‘e’，‘f’};
```

则正确的叙述为（　）。

A. 数组 X 和数组 Y 等价

B. 数组 X 和数组 Y 的长度相同

C. 数组 X 的长度小于数组 Y 的长度

D. 数组 X 的长度大于数组 Y 的长度

12．若希望当 X 的值为奇数时，表达式的值为“真”，X 的值为偶数时，表达式的值为“假”。则以下不能满足要求的表达式是（　）。

A.X%2= =1　　B. !（X%2 = =0）　　C. !（X%2）　　D.X%2

13．下列关于数组下标的描述中，错误的是（　）。

A.C 语言中数组元素的下标是从 0 开始的

B. 数组元素下标是一个整常型表达式

C. 数组元素可以用下标来表示

D. 数组元素用下标来区分

14．在函数的引用调用中，函数的实参和形参分别是（　）。

A. 变量名和引用　　B. 地址值和指针

C. 变量值和变量　　D. 地址值和引用

15．执行以下程序后的输出结果为（　）。

```
#include <stdio.h>
void fun（int a，int b，int c）
{
```

```
    a=7; b=8; c=9;
    a=b+c; b=c+a; c=a+b;
}
void main ( )
{
    int x=30, y=20, z=10;
     fun (x, y, z);
     printf("%d, %d, %d\n", x, y, z);
}
```

A.4，5，6　　　　B.10，20，30

C.11，17，28　　　　D.30，20，10

二、判断题

（ ）1．程序执行时，注释会导致计算机在屏幕上打印出 // 之后的文字。

（ ）2．符号常量的值和变量的值一样，在程序运行过程中可以改变。

（ ）3．continue 语句的功能是只结束本次循环，而不是终止整个循环的执行；break 语句的功能是提前跳出 switch 结构或结束循环的执行。

（ ）4．For 和 int 在 C 语言中都是关键字。

（ ）5．在 C 语言中，数组在使用前可以不必声明。

（ ）6．函数的定义不可以嵌套，函数的调用可以嵌套。

（ ）7．如果变量已经被赋值，则可以用该变量来定义数组的大小。

（ ）8．如果函数没有返回值，则可以不用加 return 语句。

（ ）9．使用引用传递方式进行参数传递时，形参值的改变不能影响实参值。

（ ）10．C 语言中，定义函数时使用的是形式参数，调用函数时使用的是实际参数。

三、填空题

1．算法的基本特征包括有穷性、_____________、有零个或多个 _________ 和有一个或多个输出、有效性。

2．运算符 && 的优先级 _________ 运算符 ||。

3．按照调用方式不同，函数可分为 __________ 和 ___________。

4．已知 int a[10]={1，2，3，4，5}；，则值为 2 的数组元素是 _______，数组元素 a[5] 的值是 _________，可使用的最大下标的元素是 ________。

5．描述命题“1 ≤ X ≤ 10”的逻辑表达式为 ___________。

6．在 C 语言中，一个函数一般由两个部分组成，它们是函数头和 ________。

四、写出下列程序的输出结果

1．假定输入为 30 和 60，写出下列程序的运行结果。

```
#include <stdio.h>
void main（ ）
{
    int a , b, t ;
    scanf（“%d%d”, &a, &b）;
    t = a;
    a = b;
    b = t;
    printf（“a=%d, b=%d\n”, a, b）;
}
```

2．假定输入的 10 个整数为 1，2，3，4，5，6，7，8，9，10，写出下列程序的运行结果。

```
#include < stdio.h >
void main（ ）
{
  int a , b, c , x ;
  a = b = c = 0 ;
  for（int i = 0 ;  i < 10 ;  i ++ ）
  {
      scanf（“%d”, &x）;
      switch（x % 3 ）
      {
      case 0 :
          a += x ;
          break ;
      case 1 :
          b += x ;
          break ;
      case 2 :
          c += x ;
          break ;
          }
```

```
printf（“%d，%d，%d\n”，a，b，c）；
}
```

3．写出下列程序的运行结果。

```
#include <stdio.h>
void main（）
{
    int i;
    for（i=0； i<6； i++）
    {
        if（i%4==0）
            continue;
        printf（“%d”，i）；
    }
    printf（“\n”）；
}
```

4．写出下列程序的运行结果。

```
#include <stdio.h>
void f（int &a，int &b，int &c）；
void main（）
{
    int x=3，y=6，z=10;
    f（x，y，z）；
    printf（“%d\n”，z）；
}
void f（int &a，int &b，int &c）
{
    c=a+b;
}
```

五、程序设计题

【要求】（1）源程序中应有必要的注释；

（2）变量命名和代码书写规范；

（3）对输入的数据要有容错处理；

（4）输入输出数据时应有提示信息。

1．编程实现：从键盘输入三角形的 3 条边长，求三角形面积（提示：三角形面积=sqrt（s（s–a）（s–b）（s–c）），其中 s=（a+b+c）/2）。

2．编程实现：现有 10 名学生，学号分别为 1~10。请从键盘输入这 10 名学生的成绩，并输出其中的最高成绩及所有获得最高成绩的学生的学号。

3．编程实现：输出 1~100 内各位上数的乘积大于各位上数的和的数（例 23）。要求：①定义函数 int fun（int n）实现对整数 n 的判断。如果满足各位上数的乘积大于各位上数的和，返回 1，否则返回 0。②输出功能由主函数实现，并控制每行输出 6 个数。

模拟试题一　参考答案

一、单项选择题

1	2	3	4	5	6	7	8	9	10
D	B	C	B	A	C	C	A	D	A
11	12	13	14	15					
D	C	C	A	D					

二、判断题

1	2	3	4	5	6	7	8	9	10
×	×	√	×	×	√	×	√	×	√

三、填空题

1．<u>确定性</u>、<u>输入</u>　　2．<u>高于</u>

3．<u>主调函数</u>、<u>被调函数</u>　　4．<u>a[1]</u>、<u>0</u>、<u>a[9]</u>

5．<u>X>=1 && X<=10</u>　　6．<u>函数体</u>

四、写出下列程序的输出结果

1．<u>a=60，b=30</u>　　2．<u>18，22，15</u>　　3．<u>1235</u>　　4．<u>9</u>

五、程序设计题

1．编程实现：从键盘输入三角形的 3 条边长，求三角形面积。

```
#include <stdio.h>
#include <math.h>
```

```
void main（）
{
  float a，b，c，s，S；// 分别用于存放 3 条边、3 边长一半、面积
  printf（“请输入三角形的 3 条边：”；
  scanf（“%d%d%d”，&a，&b，&c）；
  if（a+b>c && a+c>b && b+c>a）// 判断能否构成三角形
  {
       s=1.0/2*（a+b+c）；
       S=sqrt（s*（s–a）*（s–b）*（s–c））；
       printf（“三角形的面积是：%.2f\n”，S）；
}
else
       printf（“您输入的 3 条边不能构成三角形！ \n”）；
}
```

2．编程实现：现有 10 名学生，学号分别为 1~10。请从键盘输入这 10 名学生的成绩，并输出其中的最高成绩及所有获得最高成绩的学生的学号。

```
#include <stdio.h>
void main（）
{
  float s[11]，maxScore；//s[0] 不用，为了与学号对应
  printf（“请输入 10 个学生的成绩：”）；
  for（int i=1；i<11；i++）
       scanf（“%f”，&s[i]）；
  // 找最高成绩
  maxScore=s[1]；
  for（i=2；i<11；i++）
  {
      if（maxScore<s[i]）
           maxScore=s[i]；
  }
  // 找取得最高成绩的所有学号
  printf（“最高成绩为：%.1f\n”，maxScore）；
  printf（“所有取得最高成绩的学生学号为：”）；
  for（i=1；i<11；i++）
```

```
    {
        if（maxScore==s[i]）
            printf（“%d”，i）；
    }
    printf（“\n”）；
}
```

3．编程实现：输出1~100内各位上数的乘积大于各位上数的和的数（例23）。要求：①定义函数int fun（int n）实现对整数n的判断。如果满足各位上数的乘积大于各位上数的和，返回1，否则返回0。②输出功能由主函数实现，并控制每行输出6个数。

```
#include <stdio.h>
int fun（int n）；
void main（）
{
    int n，count=0；//count用于记录输出数的个数
    printf（“满足条件的数有：\n”）；
    for （n=1；n<=100；n++）
    {
        if（fun（n）==1）// 函数返回值为1，证明满足条件
        {
            printf（“%d”，n）；
            count++;
            if（count%6==0）
                printf（“\n”）；
        }
    }
    printf（“\n”）；
}
int fun（int n）
{
  int p=1，s=0，flag；//p用于存放积，s用于存放和，flag作为标志
  while （n！ =0）// 辗转相除法
  {
      p*=n%10;
      s+=n%10;
```

```
        n=n/10；
    }
    if（p>s）// 判断积与和的关系
            flag=1；
    else
            flag=0；
        return flag；
}
```

模拟试题二

一、单项选择题

1．C语言源程序文件的扩展名为（ ）。

A. .cpp　　B. .exe　　C. .dsw　　D. .obj

2．设x和y均为bool类型，则x || y为真的条件是（ ）。

A. 它们均为真　　B. 其中一个为真

C. 它们均为假　　D. 其中一个为假

3．下列不正确的转义字符是（ ）。

A. '\\'　　B. '\'　　C. '074'　　D. '\0'

4．下列各表达式中，其值为0的是（ ）。

A. 7/14　　B. ！ 0　　C. 1&& 1 || 0　　D. 3>5 ？ 0：1

5．下列运算符中，运算对象必须是整型的是（ ）。

A. /　　B. %=　　C. =　　D. &

6．如果变量x，y已经正确定义，下列语句不能正确交换x，y的值的是（ ）。

A. x=x+y， y=x−y，x=x−y;　　B. t=x，x=y，y=t;

C. t=y，y=x，x=t;　　D. x=t，t=y，y=x;

7．设有int i；，则表达式i=2，++i，++i||++i，i的值为（ ）。

A. 2　　B. 3　　C. 4　　D. 5

8．若有声明：char s[]="ab\tcd"；，则数组变量s占内存空间的字节数为（ ）。

A. 5　　B. 6　　C. 7　　D. 8

9．设x和y均为int型变量，则执行下面的循环后，x值为（ ）。

```
for（y=1，x=1；y<=50；y++）
{
    if（x>=3
        break;
    if（x%2= =0）
    {
        x+=5;
        continue;
    }
```

```
    x=3;
}
```

A. 1　　B. 3　　C. 6　　D. 8

10．以下叙述中不正确的是（　）。

A. 在不同的函数中可以使用相同名字的变量

B. 函数中的形式参数是局部变量

C. 在一个函数内定义的变量只在本函数范围内有效

D. 在一个函数内的复合语句中定义的变量在本函数范围内有效

11．以下程序的输出结果是（　）。

```
void main（ ）
{
    int a=12，b=12;
    printf（（--a）<< "  " <<（++b）<<endl;
}
```

A. 10 10　　B. 12 12　　C. 11 10　　D. 11 13

12．若有声明：int a[10]；则数组 a 占内存空间的字节数为（　）。

A. 20　　B. 40　　C. 60　　D. 8

13．下列关于数组概念的描述中，错误的是（　）。

A. 数组中所有元素类型是相同的

B. 数组定义后，它的元素个数是可以改变的

C. 数组在定义时可以被初始化，也可以不被初始化

D. 数组元素的个数是在数组定义时确定的

14．C 语言中，默认的变量存储类型是（　）。

A. auto　　B. register　　C. static　　D. extern

15．执行以下程序后的输出结果为（　）。

```
#include <stdio.h>
void fun（int &a，int &b，int &c）
{
  a=1; b=2; c=3;
  a=b+c; b=c+a; c=a+b;
}
void main（ ）
{
  int x=30，y=20，z=10;
```

```
  fun（x，y，z）；
  printf（“%d，%d，%d\n”，x，y，z）；
}
```

A. 1，2，3　　　B. 10，20，30　　　C. 5，8，13　　　D. 30，20，10

二、判断题

（ ）1. 所有变量在使用前都必须声明。

（ ）2. 若有 int i =10，j=0；，则执行完语句 if（j=0）i++；else i--；i 的值为 11。

（ ）3. 逻辑表达式‘c’&&‘d’的值为 1。

（ ）4. 任何循环语句的循环体至少都可以执行一次。

（ ）5. 字符串“Cprogram”在内存中占据的存储空间是 8 个字节。

（ ）6. 对任何数组，都可以进行整体的输入和输出。

（ ）7. 如果在定义全局变量时不对其进行初始化，系统会自动将其初始化为 0。

（ ）8. 静态存储类型的变量只赋初值一次。

（ ）9. 函数类型是由 return 语句后的表达式类型决定的。

（ ）10. 调用数组作为形参的函数时，将为形参数组分配与实参数组相同大小的存储空间。

三、填空题

1. 设 x=2.5，y=4.7，a=7，则表达式 x+a%3*（int）（x+y）%2/4=____________。

2. 条件运算符具有 ________ 结合性。

3. 按照作用域的不同，变量可分为 __________ 和 __________。

4. 在 C 语言中，若需要在程序文件中进行标准输入输出操作，则必须在开始加入预处理命令 _______，若使用到数学库中的函数时，要在源程序的开始加入预处理命令 ________。

5. 分支语句 if（x>=y）max=x；else max=y；用含条件运算符的赋值语句表示为 __________。

6. 若用数组名作为函数调用的实参，传递给形参的是 ________。

7. 数据在程序中的存在形式有两种：__________ 和 __________。

四、写出下列程序的输出结果

1. 假定输入为 22 和 44，以下程序的运行结果是 __________。

```
#include <stdio.h>
void main（）
```

```
{
    int a， b;
    scanf（“%d%d”，&a，&b）;
    if（a<b）
    {
        a=a+b;
        b=a–b;
        a=a–b;
    }
    printf（“%d，%d\n”，a，b）;
}
```

2．以下程序的运行结果是 ___________。

```
# include <stdio.h>
  void main（）
{
  int s=0，k;
  for（k=7；k>=0；k--）
  {
        switch（k）
        {
        case 1：
        case 4：
        case 7：
              s++；
              break；
        case 3：
        case 6：
        break；
        case 0：
        case 5：
              s+=2;
              break;
        }
  }
```

```
    printf（“s=%d\n”，s）；
  }
```

3．以下程序的运行结果是 ＿＿＿＿＿＿。

```
  #include <stdio.h>
  void main（ ）
  {
    int i=1，s=3；
    while（s<15）
    {
        i ++；
        s +=i；
        if（s%9= =0）
            break；
        else
            ++ i ；
    }
    printf（“s=%d，i=%d\n”，s，i）；
  }
```

4．写出下列程序的运行结果。

```
  #include <stdio.h>
  int sum（int k）；
  void main（）
  {
    int s，i；
    for（i=1；i<=5；i++）
    {
          s=sum（i）；
    }
    printf（“s=%d\n”，s）；
  }
  int sum（int k）
  {
    static int x=1；
    return（x=x*k）；
```

}

五、程序设计题

【要求】（1）源程序中应有必要的注释；

（2）变量命名和代码书写规范；

（3）对输入的数据要有容错处理；

（4）输入输出数据时应有提示信息。

1．编程实现：任意输入一个半径，计算并输出圆的面积和体积。

2．编程实现：从键盘上输入一组字符（以‘＃’作为结束标记），分别统计该组字符中，英文字母、数字字符以及除英文字母和数字字符以外的其他字符的个数（不包括最后输入的‘＃’）。

3．编程实现：从键盘输入10名学生的成绩，统计并输出80分以上学生的人数。要求：① 定义并使用自定义函数 int fun（float arr[ ]，int n）实现统计80分以上人数的功能。② 输入输出功能由主函数实现。

模拟试题二　参考答案

一、单项选择题

1	2	3	4	5	6	7	8	9	10
A	B	C	A	B	D	C	B	B	D
11	12	13	14	15					
D	B	B	A	C					

二、判断题

1	2	3	4	5	6	7	8	9	10
√	×	√	×	×	×	√	√	×	×

三、填空题

1．2.5　2．右　3．全局变量、局部变量

4．#include <stdio.h>、#include <math.h>

5．max=（x>y ? x：y）　6．数组的首地址　7．常量、变量

四、写出下列程序的输出结果

1．<u>44，22</u>　2．<u>s=7</u>　3．<u>s=9，i=4</u>　4．<u>s=120</u>

五、程序设计题

1．编程实现：任意输入一个半径，计算并输出圆的面积和体积。

```
#include <stdio.h>
#define PI 3.14
void main（）
{
    double r，S，V；// 分别代表圆的半径、面积、体积
    printf（“请输入圆的半径：”）；
    scanf（“%f”，&r）；
    if（r<0）// 容错处理
        printf（“圆的半径不能为负数！\n”）；
    else
    {
        S=2*PI*r；// 求面积
        V=4*PI*r*r*r/3；// 求体积，不能写成 v=4/3*PI*r*r*r；
        printf（“圆的面积为：%.2f\n”，S）；
        printf（“圆的体积为：%.2f\n”，V）；
    }
}
```

2．编程实现：从键盘上输入一组字符（以‘＃’作为结束标记），分别统计该组字符中，英文字母、数字字符以及除英文字母和数字字符以外的其他字符的个数（不包括最后输入的‘＃’）。

```
#include <stdio.h>
void main（）
{
    char ch；// 接收输入的字符
    int letter，digit，others；// 计数
    letter=digit=others=0；// 计数变量初值置 0
    printf（“请输入若干字符，以 # 号结束：”）；
    scanf（“%c”，&ch）；
    while（ch！ =‘#’）
```

```
        {
            // 对每个有效字符进行判断并归类
            if（ch>= 'a' && ch<= 'z' || ch>= 'A' && ch<= 'Z'）
             letter++;
            else if（ch>= '0'  && ch<= '9'）
                digit++;
            else
                others++;
            scanf（"%c"，&ch）；// 接收下一个字符
        }
        printf（" 字 母：%d 个， 数 字：%d 个， 其 他：%d 个 \n"，letter，digit，
others）；
    }
```

3．编程实现：从键盘输入 10 名学生的成绩，统计并输出 80 分以上学生的人数。要求：① 定义并使用自定义函数 int fun（float arr[ ]，int n）实现统计 80 分以上人数的功能。② 输入输出功能由主函数实现。

```
#include <stdio.h>
int fun（float arr[]，int n）；// 函数原型声明
void main（）
{
  float score[10];
  int i，num；//num 存放函数返回值
  printf（"请输入 10 名同学的成绩："）；
  for（i=0；i<10；i++）
      scanf（"%f"，&score[i]）；
  num=fun（score，10）；// 调用函数
  printf（"80 分以上的学生人数为：%d\n"，num）；
}
int fun（float arr[]，int n）
{
 int i，count=0；//count 用于计数
 for（i=0；i<n；i++）
 {
  if  （arr[i]>=80）
```

```
            count++;
    }
    return count;
}
```

模拟试题三

一、单选题：本题共15小题，每小题2分，共30分。

1．下面叙述错误的是（　）。

A. C程序中可以有若干个main函数　　B. C程序必须由main函数开始执行

C. C程序可以由若干个函数组成　　D. C程序不可以没有main函数

2．以下合法的用户标识符是（　）。

A. long　　B. \t　　C. 5a　　D. user

3．若有定义int a[10]；，下面错误的引用是（　）。

A．a[1]=a[2]*a[0]；　　B. a[10]=2　　C. a[0]=5*2；　　D. a[0]=1；

4．以下选项中合法的字符常量是（　）。

A．"B"　　B．'\010'　　C. 68　　D. A

5．下列初始化字符数组的语句中，错误的是（　）。

A. char str[5]="hello"；　　B. char str[]={'h'，'e'，'l'，'l'，'o'，'\0'}；

C. char str[5]={"hi"}；　　D. char str[100]="hello"；

6．设有int a=3；，则执行语句a+=a-=a*a后，变量a的值是（　）。

A．3　　B. 0　　C. 9　　D. −12

7．设a、b、c、d、m、n均为int型变量且a=5，b=6，c=7，d=8，m=2，n=2，则逻辑表达式（m=a>b）&&（n=c>d）运算后，n的值为（　）。

A．0　　B. 1　　C. 2　　D. 3

8．关于if语句后面一对括号中的表达式，叙述正确的是（　）。

A. 只能用关系表达式　　B. 只能用逻辑表达式

C. 只能用关系表达式或逻辑表达式　　D. 可以使用任意合法的表达式

9．以下不正确的if语句是（　）。

A. if（x>y&&x！=z）；　　B. if（x！=y）x+=y；

C. if（x！=y）（x++；y++；）；　　D. if（x==y）scanf（"%d%d"，&x，&y）；

10．对以下程序段描述正确的是（　）。

x=−1；　　do{　　x=x*x；}while（！x）；

A. 是死循环　　B. 循环执行两次　　C. 循环执行一次　　D. 有语法错误

11. 若 i 为整型变量，则以下程序段的循环执行次数是（　）。

```
for（i=2；i=0；）    printf（“%d”，i）；
```

A. 无限次　　B. 0 次　　C. 1 次　　D. 2 次

12. 引用数组元素时，数组下标可以是（　）。

A．整型常量　　B. 整型变量　　C. 整型表达式　　D. 以上均可

13. 以下程序的输出结果是（　）。

```
#include “stdio.h”
int x=1；
fun（int x）
{
      x=3；
}
int main（）
{
    fun（x）；
    printf（“%d\n”，x）；
    return 0；
}
```

A. 3　　B. 1　　C. 0　　D. 无法确定

14.　若已定义 int a；，则下面定义变量的语句正确的是（　）。

A．char *p=a　　B.int *p=*a；　　C.int p=&a；　　D.int *p=&a；

15.　设有以下语句：

```
struct stu
{
   int a；
   float b；
}stutype；
```

则下面叙述不正确的是（　）。

A. struct 是结构体类型的关键字　　B. struct stu 是用户定义的结构体类型

C. stutype 是用户定义的结构体类型名　　D. a 和 b 都是结构体成员名

二、判断题：本题共 10 小题，每小题 1 分，共 10 分，正确的打 √，错误的打 ×。

（　）1．在 C 语言中 if 语句不可以嵌套使用。

（　）2．C 语言中整型常量的表示形式有十进制、八进制、十六进制和二进制。

（ ）3．C 语言支持两种形式的数据流：文本数据流和二进制数据流。

（ ）4．在 C 语言中，若有以下 int n=5，m；m=n++；，执行该语句后 m 的值为 6。

（ ）5．在 C 语言中，全局变量若不赋初值，则它的初值为随机数。

（ ）6．在 C 语言中，对数组的访问通常是通过对数组元素的引用来实现的。

（ ）7．数组元素既可以用作函数的形参，也可以用作函数的实参。

（ ）8．在 C 语言中定义了一个指针变量后，该指针就有了确定的指向。

（ ）9．函数声明的作用是告诉编译系统该函数的存在，并将有关信息通知编译系统。

（ ）10．在 C 语言中，该语句 if（n%2）printf（“%5d”，n）；表示当 n 为偶数时，输出 n 的值。

三、填空题：本题共 15 小题，每空 1 分，共 20 分。

1．int a=3，b=6，c，a/b 的值为 _____，c=a%b 的值是 _____。

2．int a=3，b=5；printf（“%d，%d”，b，a）；，则输出结果为 _______。

3．表达式（6！=8）&&（‘A’<‘a’）的值是 ______。

4．int a[10]={6，7，8，9，10}，则 a[2] 的值是 ______。

5．int a[12]={1，2，3，4，5，6，7，8，9，10，11，12}，i=10，则数组元素 a[a[i]] 的值是 _____。

6. char str1[20]=“abcde”, str2[20]=“xyz”, 则执行语句 strcpy(str1, str2); printf(“%d”, strlen（str1））；后，输出结果是 ____。

7．int x=1，y=2，z=3；，则执行 if（x>y）z=x；x=y；y=z；后，x 的值是 _____。

8．char ch=‘a’；printf（“%d”，ch）；执行该语句后的输出结果是 _____。

9．表达式 3*8–9！=5+7%3 的值是 ______。

10．已知大写字母 A 的 ASCII 码为 65，小写字母 a 的 ASCII 码为 97，则用八进制‘\101’表示的字符常量是 ____，则用十六进制‘\x61’表示字符常量是 ________。

11．变量从作用域来分，可分为 ______ 变量和 _____ 变量；从生存期来分，可以分为 ____ 变量和 _____ 变量。

12．若有 int d[]={3，4，5}；，则数组 d 的长度是 ______。

13．char ch[5]={‘e’，‘f’，‘\0’，‘g’，‘\0’}；，则 printf（“%s”，ch）；的输出结果是 ______。

14．int a[10]={1，2，3，4，5，6，7，8，9，10}，*p=a，b；b=p[5]；，则 b 的值是 _________。

15．int x=–2，则表达式 y=x>0？1：x<0？–1：0 的值是 ________。

四、程序填空题：本题共 2 小题，每空 2 分，共 10 分。

1．下面程序是求斐波那契数列（1，1，2，3，5，8…）前 40 项。请将程序补充完整。

```
#include<stdio.h>
int main（）
{
    long int f1，f2;
    int i;
    f1=1;
    ___①___;
    for（i=1；i<=20；i++）/* 每次求出两项 */
    {
        printf（"%12d %12d"，f1，f2）;
        if（i%2==0）
            printf（"\n"）;
        f1=f1+f2;
    ___②___;
}
return 0;
}
```

2．下面程序是将二维数组 a 的行和列的元素互换，存放到另一个数组 b 中，并将数组 a 和数组 b 输出。请将程序补充完整。

```
#include<stdio.h>
void main（）
{
    int a[2][3]={1，2，3，4，5，6};
        int i，j，b[3][2];
    for（i=0；i<2；i++）
    {
        for（j=0；___①___；j++）
        {
            printf（"%5d"，a[i][j]）;
            ___②___
        }
        printf（"\n"）;
```

```
    }
    for（i=0；i<3；i++）
    {
        for（j=0；___③___；j++）
        printf（“%d”，b[i][j]）；
        printf（“\n”）；
    }
}
```

五、阅读程序写结果：本题共 4 小题，每题 5 分，共 20 分。

1．

```
#include<stdio.h>
void main （）
{
    int i;
    for（i=1；i<=5；i++）
    {
        if（i%2）
            printf（“*”）；
        else
            continue;
        printf（“#”）；
    }
    printf（“$\n”）；
}
```

2．

```
#include<stdio.h>
int m=10;
void f （int n ）
{
    n=6/n；  m=m/2;
}
int main（void）
{
    int n=3;
    f（n）；
```

```
    printf（“m=%d，n=%d\n”，m，n）；
    return 0；
}
```

3．

```
#include<stdio.h>
void main（）
{
        char c；
        while（（c=getchar（））！ =‘\n’）
        {
            switch（c-‘2’）
            {   case0：case 1： putchar（c+4）；
                case2：putchar（c+4）；break；
                case3：putchar（c+3）；
                case4：putchar（c+2）；break；
            }
        }
}
```

运行时从第一列开始输入以下数据（<CR> 代表一个回车符）：2743<CR>

4．

```
#include<stdio.h>
void main（）
{
      char *s=“I love programming！”；
      s=s+7；
      printf（“%s\n”，s）；
}
```

六、编程题：本题共 1 小题，共 10 分。

从键盘输入 10 个整数，求出这 10 个整数的最大值和最小值，并将其输出。要求将输入的 10 个整数先存入数组 a 中，然后再求最大值 max 和最小值 min。

模拟试题三　参考答案

一、单选题

1	2	3	4	5	6	7	8	9	10
A	D	B	B	A	D	C	D	C	C
11	12	13	14	15					
B	D	B	D	C					

二、判断题

1	2	3	4	5	6	7	8	9	10
×	×	√	×	×	√	×	×	√	×

三、填空题

1. 0 、 3　2. 5，3　3. 1　4. 8

5. 12　6. 3　7. 2　8. 97

9. 1　10. ‘A’、‘a’

11. 全局、局部、静态、动态

12. 3　13. ef　14. 6　15. −1

四、程序填空题

1. ① f2=1 ② f2=f2+f1

2. ① j<=2 或 j<3 ② b[j][i]=a[i][j]; ③ j<=1 或 j<2

五、阅读程序写结果

1. *#*#*#$

2. m=5，n=3

3. 66877

4. programming！

六、编程题

```
#include<stdio.h>
```

```
void main ()
{
    int a[10], i, max, min;
    printf ("请输入 10 个整数: ");
    for (i=0; i<10; i++)
        scanf ("%d", &a[i]);
    max=a[0];
    min=a[0];
    for (i=1; i<10; i++)
    {
        if (max<a[i])     max=a[i];
        if (min>a[i])     min=a[i];
    }
    printf ("最大值是: %d, 最小值是: %d\n", max, min);
}
```

模拟试题四

一、单选题：本题共 15 小题，每小题 2 分，共 30 分。

1．C 语言源程序的基本单位是（　）。

A. 过程　　B. 子程序　　C. 函数　　D. 标识符

2．以下合法的用户标识符是（　）。

A. #md　　B. stu_name　　C. r–1–2　　D. unsigned

3．C 语言中，定义数组时，其数组下标的值允许是（　）。

A. 整型常量　　B. 整型表达式

C. 整型常量或整型常量表达式　　D. 任何类型的表达式

4．下列不合法的十六进制数是（　）。

A. 0x3a　　B. 0X1ade　　C. 0x2020　　D. oxab

5．以下关于各类运算符大致优先顺序的描述中正确的是（　）。

A. 关系运算符 < 算数运算符 < 赋值运算符 < 逻辑运算符

B. 逻辑运算符 < 关系运算符 < 算数运算符 < 赋值运算符

C. 赋值运算符 < 逻辑运算符 < 关系运算符 < 算数运算符

D. 算数运算符 < 关系运算符 < 赋值运算符 < 逻辑运算符

6．如有定义 char str[10]="JiLin"；，则数组 str 的元素个数为（　）。

A.5　　B.6　　C.9　　D.10

7．能正确表示逻辑关系“a ≥ 100 或 a ≤ 0”的 C 语言表达式是（　）。

A. a>=100||a<=0

B. a>=0|a<=100

C. a>=100&&a<=0

D. a>=100 or a<=0

8．C 语言规定，函数返回值的类型是由（　）。

A. 在定义该函数时所指定的函数类型所决定的

B. 调用该函教时的主调函数类型所决定的

C. 调用该函数时系统临时决定的

D. return 语句中的表达式类型所决定的

9．下面有关 for 循环的正确描述是（　）。

A. for 循环只能用于循环次数已经确定的情况

B. for 循环是先执行循环体语句，后判断表达式

C. 在 for 循环中，不能用 break 语句跳出循环体

D. for 循环的循环体语句，可以包含多条语句，但必须用花括号括起来

10．int a=5，b=10，c=20；if（a>c） b=a；a=c；c=b；，则变量 c 的值为（　）。

A. 5　　B. 10　　C. 20　　D. 随机值

11. 有定义 char a[10];，以下语句中不能从键盘上给数组 a 的元素输入值的语句是（　）。

A. scanf（“%s”，a）；　　B. a=getchar（）；

C. for（i=0；i<10；i++） a[i]=getchar（）；　　D. gets（a）；

12．以下程序段中，能够正确地执行循环体至少一次的是（　）。

A. for（i=1；i>10；i++）；

B.static int a；while（a） a++；

C.int s=6；do{s-=2；} while（s）；

D.for（a=1，b=0；a&&b；a++，b--）；

13．执行语句 for（i=5；i-->0；）；后变量 i 的值是（　）。

A.-1　　B. 0　　C. 4　　D. 5

14．已知 p、pl 为整型指针变量，a 为长度为 10 的整型数组的数组名，该数组的首地址为 2000，i 为整型变量，其值为 5，下列赋值语句中不正确的是（　）。

A. p=&i，p1=p；　　B.p=a；　　C. p=&a[i]；　　D. p=2000；

15．有定义：struct student{　int i；　char name；　float num；　}wang；若整型数据占 2 个字节的空间，则变量 wang 在内存中占的字节数为（　）。

A.1　　B.4　　C.7　　D. 8

二、判断题：本题共 10 小题，每小题 1 分，共 10 分，正确的打 √，错误的打 ×。

（ ）1．C 语言中，只有整型、实型、字符型三种数据类型。

（ ）2．C 语言的程序总是从第一个函数开始执行的。

（ ）3．在 C 语言编程时，不必区分大小写。

（ ）4．C 语言中，对数组元素的访问可以通过指针来实现。

（ ）5．C 语言中，静态变量若不赋初值，则它的初值为 0。

（ ）6．C 语言中，若有以下语句 int n=7；，则表达式 n/2 的值为 3.5。

（ ）7．C 语言中，所有的算术运算符都比关系运算符优先级高。

（ ）8．C 语言中，语句 printf（“%2d”，123）；的输出结果是 12。

（ ）9．C 语言中，注释部分可以出现在程序中任意位置。

（ ）10．C 语言中，调用函数时，被调函数必须有实参。

三、填空题：本题共 15 小题，每空 1 分，共 20 分。

1. C 语言表达式 3>2>1 的值是 _____，表达式！（3<6）||（4<9）的值是 _____。

2. 如有定义 float x=275.84，则表达式（int）x 的值是 _____。

3. C 语言中，strlen（“12\025ncf”）的值是 _______。

4. 如有定义 char str[80]=“I have a book！”；，字符串 str 结束标志存储在 str[__] 中。

5. 如有定义 int s[3][3]={{1，3}，{0，5，7}，{9}}；，则 s[1][2] 的值是 ___，s[2][1] 的值是 _____。

6. C 语言中，实现两个字符串拷贝的函数是 _____。

7. 如有定义 int a[10]={1，2，3，4，5，6，7，8，9，103}，*p=a；，则 *（p+4）的值是 ____。

8. C 语言中，若有 int d[][3]={3，4，5，6，7}；，则 d 数组是一个 ____ 行 3 列的二维数组。

9. 若函数定义时省略数据类型，则默认为 ____ 。

10. C 语言中，___ 变量必须在函数外进行定义；定义静态变量的关键字是 _____ 。

11. 如果 n 是整型变量，则表达式 n%2==0 表示 n 是 ___ 数。

12. C 语言的三种基本结构是 ___ 结构、选择结构和 ____ 结构。

13. 如有定义 int m=5，n=7；，则表达式 m++||++n 执行后，m=_____，n=____。

14. continue 语句只能用于 _____ 语句之中。

15. 若有定义 char s[]=“ChangChun”；，则 C 系统为数组 s 分配 ___ 个字节的存储空间。

四、程序填空题：本题共 2 小题，每空 2 分，共 10 分。

1. 下面的程序是找出数组中最大值和此元素的下标，数组元素的值由键盘输入。请将程序补充完整。

```
#include <stdio.h>
int main（void）
{
   int a[10]，*p，*max，i;
   for（i=0；i<10；i++）
        scanf（“%d”，___①___）;
   for（p=a，max=a；p-a<10；p++）
         if（*p ___②___ *max）
              max=p;
   printf（“max=%d，index=%d\n”，*max，max-a）;
```

```
}
```

2．下面的程序是产生并输出杨辉三角的前六行，请将程序补充完整。

```
#include <stdio.h>
int main（）
{
    int a[6][6]，i，j，k；
    for（i=0； i<6； i++）
    {
          a[i][0]=1；
          __①__
    }
for（i=2；i<6；i++）
     for（j=1；j<__②__ ；j++）
          a[i][j]=__③__ ；
for（i=0；i<6；i++）
{
   for（j=0；j<=i；j++）
         printf（“%5d”，a[i][j]）；
   printf（“\n”）；
}
```

杨辉三角前六行格式如下：

```
1
1    1
1    2    1
1    3    3    1
1    4    6    4    1
1    5    10   10   5    1
```

五、阅读程序写结果：本题共 4 小题，每题 5 分，共 20 分。

1．

```
#include<stdio.h>
int main（）
{
```

```
        int n；
        for（n=1；n<20；n++）
        {
            if（n%5 ！ =0）continue；
            printf（“%d”，n）；
        }
    }
```

2. #include <stdio.h>

```
int main（）
{
    int x，a=0，b=0；
    for（x=0；x<2；x++）
        switch（x）
        {
            default：b++；
            case 1：a++；
            case 2：a++，b++；
        }
      printf（“a=%d，b=%d”，a，b）；
}
```

3. #include<stdio.h>

```
int fun（int x）
{
    static int a=3；
     a+=x；
return a；
}
int main（）
{
    int k=3，m=8，n；
    n=fun（k）；
     n=fun（m）；
    printf（“%d”，n）；
```

```
    }
4. #include <stdio.h>
 int main（）
 {
     int i，x[3][3]={1，2，3，4，5，6，7，8，9}；
      for（i=0；i<3；i++）
          printf（"%d"，x[2-i][i]）；
    }
```

六、编程题：本题共 1 小题，共 10 分。

求 200 以内（不包含 200）能被 7 或 11 整除的所有奇数的个数，并求出所有偶数的和及输出符合要求的奇数的个数和偶数的和。

模拟试题四　参考答案

一、单选题

1	2	3	4	5	6	7	8	9	10
C	B	C	D	C	D	A	A	D	B
11	12	13	14	15					
B	C	A	D	C					

二、判断题

1	2	3	4	5	6	7	8	9	10
×	×	×	√	√	×	√	×	√	×

三、填空题

1. 0 、 1　　2. 275　　3. 6　　4. 15
5. 7 、 0　　6. strcpy（）　　7. 5　　8. 2
9. int　　10. 全局 、 static

11. 偶　　12. 顺序、循环
13. 6、7　　14. 循环　　15. 10

四、程序填空题

1. ① &a[i]　② >

2. ① a[i][i]=1;　② i　③ a[i−1][j]+ a[i−1][j−1]

五、阅读程序写结果

1. 5 10 15

2. a=4，b=3

3. 14

4. 753

六、编程题

```
#include <stdio.h>
void main（）
{
      //1. 定义变量
      int n，count=0，sum=0;
      //2. 变量值的来源
      //3. 基本结构：顺序、选择、循环
      for（n=1；n<200；n++）
      {
         if（n%2==1）
         {
               if（n%7==0 || n%11==0）
                     count++;
         }
         else
         {
               sum+=n;
         }
   }
   //4. 输出结果
   printf（"满足条件的奇数的个数为：%d，偶数的和为：%d\n"，count，sum）;
}
```

模拟试题五

一、单选题：本题共 15 小题，每小题 2 分，共 30 分。

1．有关 C 语言的主函数描述正确的是（　）。

A. C 程序可以有多个 main 函数　　B. C 程序可以没有 main 函数

C. C 程序有且只有一个 main 函数　　D. C 程序不一定从 main 函数开始执行

2．判断 char 型变量 ch 是否为大写字母的正确表达式是（　）。

A. ‘A’ <= ch<= ‘Z’　　B.（ch>= ‘A’）&（ch<= ‘Z’）

C. （ch>= ‘A’）&&（ch<= ‘Z’）　　D.（ ‘A’ <= ch）AND（ ‘Z’ >=ch）

3．若有定义：char ch= ‘\x42’；，则变量 ch 中包含（　）个字符。

A. 1　　B. 2　　C. 4　　D. 定义不合法

4．若变量已定义为 float 类型，要通过语句 scanf（“%f%f”，&a，&b）；给 a 赋值为 11，给 b 赋值为 22，以下正确的输入形式是（　）。

A. 11 22　　B. 11&22　　C. 11：22　　D. 11，22

5．已知 int x=10，y=20，z=30；，以下语句：if（x>y）z=x；x=y；y=z；，执行后 x，y，z 的值是（　）。

A．x=10，y=20，z=30　　B．x=20，y=30，z=30

C．x=20，y=10，z=10　　D．x=20，y=30，z=10

6．已知字母 A 的 ASCII 码为十进制数 65 且 c2 为字符型变量，则执行语句：c2= ‘A’ + ‘6’ − ‘3’；printf（“%c”，c2）；后，屏幕输出内容为（　）。

A. D　　B. 68　　C. 69　　D. C

7．若有 int a，b，d=241；，语句 a=d/100%9；b=（−1）&&（−1）；，执行后 a，b 的值为（　）。

A. 6，1　　B. 2，1　　C. 6，0　　D. 2，0

8．设有程序段：int k=10；while（k=0）k=k−1；，下面描述中正确的是（　）。

A. while 循环执行 10 次　　B. 循环是无限循环

C. 循环体语句一次也不执行　　D. 循环体语句执行一次

9．执行语句 for（i=1；i<4；i++）；后，变量 i 的值是（　）。

A. 3　　B. 5　　C. 4　　D. 1

10．C 语言规定，简单变量做实参时，它和对应形参之间的数据传递方式是（ ）。

A. 地址传递　　B. 由用户指定传递方式

C. 双向值传递　　D. 单向值传递：实参的值传给形参

11．为了判断两个字符串 s1 和 s2 是否相等，应当使用下列哪个语句（ ）。

A. if（s1==s2）；　　B. if（strcmp（s1，s2）==0）；

C. if（s1=s2）；　　D. if（strcpy（s1，s2））；

12．若函数定义如下，int fun（float a）{ float b=a+3；return b；}，假设将常数 3.6 传给 a，则函数的返回值是（ ）。

A. 3　　B. 6.6　　C. 5　　D. 6

13．若将数组名作为函数调用的实参，传递给形参的是（ ）。

A. 数组的首地址　　B. 数组第一个元素的值

C. 数组中全部元素的值　　D. 数组元素的个数

14. 有以下定义，char s[]="012M356"，*p=s; ，不能表示字符 M 的表达式的是（ ）。

A. *（p+3）　　B. s[3]　　C. *（s+3）　　D. *p+3

15．若有以下结构体类型定义：

```
struct worker{
    char name[16];
    struct date{
        int year;
        int month;
        int day;
    }birthday;
}x;
```

则以下赋值语句正确的是（ ）。

A. x.year=1999;　　B. x.birthday.month=3;

C. x.name="黎明"；　　D. x.birthday=1999.9.9;

二、判断题：本题共 10 小题，每小题 1 分，共 10 分，正确的打 √，错误的打 ×。

（ ）1．C 语言源程序文件经过编译后，生成的文件名后缀是 .c。

（ ）2．C 语言中，表达式 3.5+1/2 的计算结果是 4。

（ ）3．C 语言中，复合语句在语法上被认为是一条语句。

（ ）4．C 语言中参与逻辑运算时的量，用非零数据来表示逻辑“真”。

（ ）5．C 语言中，typedef 用来定义一个新的数据类型。

（ ）6．C 语言中不允许出现空语句。

（ ）7．C 语言中，字符型数据以 ASCII 码的形式存储在内存中。

（ ）8．C 语言中，函数可以直接或间接地自己调用自己。

（ ）9．C 语言中，数组名是一个变量。

（ ）10．C 语言中，定义语句 int *p=&a；的含义是变量 p 中存放了变量 a 的地址。

三、填空题：本题共 16 小题，每空 1 分，共 20 分。

1．设有“int x=1，y=2；”，则表达式 1.0+x/y 的值为______，表达式 x/y–x 的值是 _____。

2．C 语言中，测试字符串长度的函数是_____。

3．如有定义 int a=6；，执行完语句 t=（a/3>0）？ a：a%3；后，t 的值是_____。

4．C 语言中，putchar（）函数只能输出一个_____。

5．若有定义 int a[6]={2，4，6，8，10，12}；，则 *（a+1）的值是_____。

6．设 a、i、j、k 都是 int 变量，表达式 a=（i=4，j=5，k=6）计算后，a 的值为______。

7．设变量 a 是整型，f 是实型，i 是双精度型，则表达式 10+“a”+i*f 值的数据类型为_____。

8. 若有语句 double x=17；int y；，当执行 y=（int）（x/5）%2；之后，y 的值是_____。

9. 如有定义 int a=20；，表达式 0<a<20 的值是______，表达式 0<a&&a<20 的值是_____。

10．一个只在定义它的函数中使用的变量称为______。

11．在 C 语言中常量‘\n’和常量“ABC”在内存中占有的字节数分别是______和_______。

12．若 int *p，i；，执行 i=100；p=&i；i=*p+10；后，*p 的值是_____。

13．若有定义：int s[3][4]={{1，2}，{0}，{3，4，5}}；则 s[2][1] 的值为_____。

14．数组定义为 int a[3][2]={1，3，4，6，8，10}；，数组元素_____的值为 6。

15．若 a=5；b=6；c=7；d=8；m=2；n=2；，则执行（m=a>b）&&（n=c>d）；后，m 和 n 的值分别为_____和_____。

16．函数的返回值是通过函数中的_____语句获得的。

四、程序填空题：本题共 2 小题，每空 2 分，共 10 分。

1．以下函数用于计算 x 的 y 次方，请将程序补充完整。

```
#include <stdio.h>
double fun（double x，int y）{
```

```
    int i;
    double z=1.0;
    for (i=1; i ___①___; i++) z= ___②___;
    return z;
}
int main (void)
{
    double x; int y;
    scanf ("%lf%d", &x, &y);
    printf ("%lf\n", fun (x, y));
    return 0;
}
```

2．以下程序的功能是：输入一个M行N列的二维数组，输出二维数组中行列号之和为3的数组元素以及它们的平均值。

```
#include <stdio.h>
#define M 4
#define N 3
int main (void) {
    int a[M][N], i, j, k, sum=0, count=0;
    for (i=0; i<M; i++)
        for (j=0; j<N; j++)
            scanf ("%d", &a[i][j]);
    for (i=0; i<M; i++)
        for (j=0; j<N; j++)
        { k=i+j;
            if (___①___)
            {
                printf ("%d\n", a[i][j]);
                sum=___②___;
                count++;
            }
        }
    printf ("average=%.2f\n", ___③___);
    return 0;
```

```
}
```

五、阅读程序写结果：本题共4小题，每题5分，共20分。

1.

```
#include <stdio.h>
int main（void）{
    int i，s，a[10]={12，3，4，35，7，60，5，9，10，21};
    s=0;
    for（i=0；i<10；i++）
        if（a[i]%2==0）
            s=s+a[i];
    printf（"%d"，s）;
    return 0;
}
```

2.

```
#include <stdio.h>
void fun（int x，int y）{
    int z;
    z=x；x=y；y=z;
}
int main（void）{
    int a=100，b=200;
    fun（a，b）;
    printf（"%d %d"，a，b）;
    return 0;
}
```

3.

```
#include <stdio.h>
void fun（int x，int y，int *z）{
    *z=x+y;
}
int main（void）{
    int a=0;
    fun（10，20，&a）;
    printf（"%d"，a）;
```

```
}
4.
#include <stdio.h>
int a=5，b=8;
int fun（int x，int y）{
    int z;
    z=x*y;
    return z;
}
int main（void）{
      int a=2，c;
      c=fun（a，b）；
      printf（“%d”，c）；
      return 0;
}
```

六、编程题：本题共 1 小题，共 10 分。

阿姆斯特朗数也就是俗称的水仙花数，是指一个三位数，其各位数字的立方和等于该数本身。例如：$153=1^3+5^3+3^3$，所以 153 就是一个水仙花数。求出所有的水仙花数。

模拟试题五　参考答案

一、单选题

1	2	3	4	5	6	7	8	9	10
C	C	A	A	B	A	B	C	C	D
11	12	13	14	15					
B	D	A	D	B					

二、判断题

1	2	3	4	5	6	7	8	9	10
×	×	√	√	×	×	√	√	×	√

三、填空题

1．1.0 、 −1　　2．strlen（）　　3．6　　4．字符

5．4　　6．6　　7．双精度型或 double

8．1　　9．1 、 0　　10．局部变量

11．1 、 4　　12．110　　13．4

14．a[1][1]　　15．0 、 2　　16．return

四、程序填空题

1．① <=y ② z*x

2．① k= =3 或 i+j = =3 ② sum+a[i][j] ③ float（sum）/count

五、阅读程序写结果

1．86

2．100 200

3．30

4．16

六、编程题

```
#include <stdio.h>
int main（void）
{
    int n，g，s，b;
    for（n=100;n<=999;n++）
    {
        g=n%10;
        s=n/10%10;
        b=n/100;
        if（n==g*g*g+s*s*s+b*b*b）
        printf（“%6d”，n）;
    }
    return 0;
}
```

模拟试题六

一、单选题：本题 共 15 小题，每小题 2 分，共 30 分。

1．C 语言规定，在一个源程序中，main 函数的位置（　）。

A. 必须在最开始　　B. 必须在系统调用的库函数的后面

C. 可以任意　　D. 必须在最后

2．判断 char 型变量 ch 是否为小写字母的正确表达式是（　）。

A. ‘a’ <= ch<= ‘z’　　B. （ch>= ‘a’）&（ch<= ‘z’）

C. （ ch>= ‘a’ ） &&（ ch<= ‘z’ ）　　D. （ ‘a’ <= ch）AND（ ‘z’ >=ch ）

3．若有定义：char ch= ‘\177’；，则变量 ch 中包含（　）个字符。

A. 1　　B. 2　　C. 4　　D. 定义不合法

4．若变量已定义为 float 类型，要通过语句 scanf（“%f，%f”，&a，&b）；给 a 赋值为 11，给 b 赋值为 22，以下正确的输入形式是（　）。

A. 11 22　　B. 11&22　　C. 11：22　　D. 11，22

5．以下几组选项中，均为不合法标识符的是（　）。

A．51job，P_0，do　　B．b-a，continue，int

C．_123，temp，INT　　D．float，la0，_A

6．若 x、i、j 和 k 都是 int 型变量，则计算下面表达式后，x 的值为（　）。

x=（i=4，j=16，k=32）

A. 52　　B. 32　　C. 16　　D. 4

7．设 x、y、t 均为 int 型变量，则执行语句：x=y=3；　t=++x || ++y 后，y 的值为（　）。

A. 不定值　　B. 4　　C. 3　　D. 1

8．设有程序段：int k=0；　while（k=0）　k=k–1；，下面描述中正确的是（　）。

A. 循环体语句一次也不执行　　B. 循环是无限循环

C. 该程序段有语法错误　　D. 循环体语句执行 1 次

9．执行语句 for（i=1；i<10；i++）；后，变量 i 的值是（　）。

A. 10　　B. 9　　C. 11　　D. 1

10．C 语言规定，简单变量做实参时，它和对应形参之间的数据传递方式是（　）。

A. 地址传递　　B. 由用户指定方式传递

C. 双向值传递　　D. 单向值传递：实参的值传给形参

11．以下错误的语句是（ ）。

A. static char word[ ]={‘C’，‘h’，‘i’，‘n’，‘a’}；

B. static char word[10]={“China”}；

C. static char word[5]=”China”；

D. static char word[ ]=”China”；

12．若函数定义如下，int fun（float a）{ float b=a+3；return b；}，假设将常数 3.6 传给 a，则函数的返回值是（ ）。

A. 3　　B. 6.6　　C. 5　　D. 6

13．若有说明：int a[3][4]；，则对 a 数组元素的正确引用是（ ）。

A. a[2][4]　　B. a[1，3]　　C. a[1+1][0]　　D. a（2）（1）

14．若已定义 a 为 int 型变量，则（ ）是对指针 p 的正确说明和初始化。

A. int p=&a；　　B. int *p=&a；　　C. int *p=*a；　　D. int *p=a；

15．以下对结构体变量 stu1 中成员 age 的非法引用是（ ）。

```
struct student
{
    int age;
    int num;
}stu1, *p;
```

A. stu1.age　　B. student.age　　C. p->age　　D.（*p）.age

二、判断题：本题共 10 小题，每小题 1 分，共 10 分，正确的打 √，错误的打 ×。

（ ）1．C 语言源程序文件经过编译、链接后，生成的文件名后缀是 .exe。

（ ）2．C 语言中，表达式 7.5+1/2 的计算结果是 8。

（ ）3．C 语言中，语句以分号结尾，不允许出现空语句。

（ ）4．C 语言中，语句 printf（“%2d”，314）；的输出结果是 31。

（ ）5．C 语言中，typedef 用来定义一个新的数据类型。

（ ）6．C 语言中，全局变量若不赋初值，则它的初值为 0。

（ ）7．C 语言中，包括整型、实型、字符型、逻辑型等数据类型。

（ ）8．C 语言中，函数的定义不可以嵌套，但函数的调用可以嵌套。

（ ）9．C 语言中，当数组名作实参时，传递的是数组中的所有元素的值。

（ ）10．C 语言中，共用体变量所占内存空间大小为各成员变量所占内存空间之和。

三、填空题：本题共 14 小题，每空 1 分，共 20 分。

1．设 y 为整型变量，且值为 3，则表达式 y*=8−5 执行后，y 的值为____。

2．若整型变量 a=0，b=8，则表达式！a&&b 的值是____。

3．已知 int a[10]={0，1，2}，那么 a[2] 的值是____，a[3] 的值是____。

4．p=0；for（i=1；i<=3；i++）p++；，该语句段执行结束时，p 的值是____。

5．getchar（）的功能是接收从终端输入的一个____。

6．函数调用时，是将____参数的值传递给形式参数。

7．____变量是定义在函数内部的变量，作用域是从变量定义处到本函数的结束处。

8．char c[]="fan\0cy"；puts（c）；该语句段输出的结果为____。

9．如有定义 int a=20；表达式 0<a<20 的值是_____，表达式 0<a&&a<20 的值是_____。

10．语句 int a[][2]={2，3，4，6，8，10}；是定义一个____行 2 列的二维数组，元素_____的值为 6。

11．在 C 语言中常量'\t'和常量"HELLO"在内存中占有的字节数分别是_____和_____。

12．若 int *p，i；执行 i=10；p=&i；i=*p+10；后，*p 的值是____，i 的值是____。

13．结构体变量所占内存长度是各成员占的内存长度之____。

14．若 int a； float b=3.94；则执行语句 a=（int）b；后，a 的值为_____，b 的值为____。

四、程序填空题：本题共 2 小题，每空 2 分，共 10 分。

1．以下程序的功能是：输入一个百分制成绩，要求输出成绩等级"A""B""C"，成绩与等级的对照关系为：90~100 分为"A"，60~89 分为"B"，0~59 分为"C"。

```
#include <stdio.h>
void main（）
{
      float score;
      int temp;
      char grade;
      scanf（"%f"，&score）;
      temp=（int）score/10;
      switch（temp）
      {
      case 10:
      case 9: grade='A'; ___①___
      case 8:
      case 7:
```

```
    case 6：grade='B'；break；
    ___②___grade='C'；
  }
  printf（"成绩是 %5.1f，相应等级是 %c\n"，score，grade）；
}
```

2．以下程序的功能是：从键盘输入一个整数 n，并求出 n！。

```
#include <stdio.h>
int main（）
{
    int n，i=1；
    long int p=1；
    scanf（"%d"，___①___）；
    if（n<0）
        printf（"非法输入 \n"）；
    else
        if（n==0）
            printf（"%d！=%ld\n"，n，p）；
    else
    {
        while（___②___）
        {
            ___③___
            i++;
        }
        printf（"%d！=%ld\n"，n，p）；
    }
  return 0;
}
```

五、阅读程序写结果：本题共 4 小题，每题 5 分，共 20 分。

1．

```
#include <stdio.h>
int main（void）
{
  int x=10，y=20，z=30，k;
    k=x>=10？x+z：y+z;
```

```
        printf（“%d”，k）；
      return 0；
  }
```

2.

```
#include <stdio.h>
void fun（int x，int y）
{
      int z；
      z=x；x=y；y=z；
      printf（“x=%d，y=%d\n”，x，y）；
}
int main（void）
{
      int x=100，y=200；
      fun（x，y）；
      printf（“x=%d，y=%d\n”，x，y）；
      return 0；
}
```

3.

```
#include <stdio.h>
int main（void）
{
      int a[5]={0，2，4，6，8}，i，*p；
  p=a；
  for（i=0；i<5；i++）
        printf（“%d”，*（a+i））；
  return 0；
}
```

4.

```
#include <stdio.h>
int a=3，b=10；
int fun（int a，int b）
{
    int c；
```

```
    c=a*b;
    return c;
}
int main（void）
{
    int a=5，c;
    c=fun（a，b）;
    printf（"%d"，c）;
    return 0;
}
```

六、编程题：本题共1小题，共10分。

输出Fibonacci数列（1，1，2，3，5，8，…）的前40项。

模拟试题六　参考答案

一、单选题

1	2	3	4	5	6	7	8	9	10
C	C	A	D	B	B	C	A	A	D
11	12	13	14	15					
C	D	C	B	B					

二、判断题

1	2	3	4	5	6	7	8	9	10
√	×	×	×	×	√	×	√	×	×

三、填空题

1. 9　　2. 1　　3. 2、0　　4. 3

5. 字符　　6. 实际　　7. 局部　　8. fan

9. 1、0　　10. 3、a[1][1]

11. 1、6　　12. 20、20

13. 和　　14. 3、3.94

四、程序填空题

1. ① break; 、② default:

2. ① &n ② i<=n 或 i<n+1 ③ p*=i; 或 p=p*i;

五、阅读程序写结果

1. 40

   x=200, y=100

2. x=100, y=200

3. 02468

4. 50

六、编程题

```
#include <stdio.h>
int main ()
{
      long int f[40];
      int i;
      f[0]=f[1]=1;
      for (i=2; i<40; i++)
            f[i]=f[i-1]+f[i-2];
      printf ("Fibonacci 数列的前 40 项为: \n");
      for (i=0; i<40; i++)
            printf ("%ld\t", f[i]);
      printf ("\n");
      return 0;
}
```

模拟试题七

一、单选题：本题 共 15 小题，每小题 2 分，共 30 分。

1．一个 C 程序的执行是从（　）。

A．本程序的 main 函数开始，到 main 函数结束

B．本程序文件的第一个函数开始，到本程序文件的最后一个函数结束

C．本程序的 main 函数开始，到本程序文件的最后一个函数结束

D．本程序文件的第一个函数开始，到本程序 main 函数结束

2．在 C 语言中，要求运算数必须是整型的运算符是（　）。

A．/　　B．++　　C．！=　　D．%

3．当 c 的值不为 0 时，以下能将 c 的值赋给变量 a、b 的是（　）。

A．c=b=a　　B．（a=c）||（b=c）

C．（a=c）&&（b=c）　　D．a=c=b

4 已有定义：int x=3，y=4，z=5，则表达式！（x+y）+z-1 && y+z/2 的值是（　）。

A．6　　B．0　　C．2　　D．1

5．下列运算符中，哪个运算符的优先级最高（　）。

A．<=　　B．+　　C．||　　D．>=

6．若有定义：int a=7；float x=2.5，y=4.7；，则表达式 x+a%3*（int）（x+y）%2/4 的值是（　）。

A．2.500000　　B．2.750000

C．3.500000　　D．0.000000

7．字符串常量“\\\22a，0\n”的长度是（　）。

A．8　　B．7　　C．6　　D．5

8．若给定条件表达式（M）？（a++）：（a--），则其中表达式（M）（　）。

A．和（M＝＝0）等价　　B．和（M＝＝1）等价

C．和（M！＝0）等价　　D．和（M！＝1）等价

9．为了避免在嵌套的条件语句 if-else 中产生二义性，C 语言规定：else 子句总是与（　）配对。

A．缩排位置相同的 if　　B．同一行上的 if

C．其之后最近的 if　　D．其之前最近的且尚末匹配的 if

10．已知 int x=10，y=20，z=30；，以下语句执行后 x、y、z 的值是（　）。

```
if（x>y）
z=x；  x=y；y=z；
```

A．x=10，y=20，z=30　　B．x=20，y=30，z=30

C．x=20，y=30，z=10　　D．x=20，y=30，z=20

11．判断字符串 s1 是否大于字符串 s2，应当使用（　）。

A．if（s1>s2）　　B．if（strcmp（s1，s2））

C．if（strcmp（s2，s1）>0）　　D．if（strcmp（s1，s2）>0）

12．以下程序段（　）。

```
x=-1；
do
{ x=x*x；  }while（！ x）；
```

A．循环执行一次　　B．循环执行二次

C．是死循环　　D．有语法错误

13．变量的指针，其含义是指该变量的（　）。

A．值　　B．地址　　C．名　　D．一个标志

14．下面函数调用语句含有实参的个数为（　）。

```
func（（exp1，exp2），（exp3，exp4，exp5））；
```

A．1　　B．2　　C．4　　D．5

15．设 int 类型占 2 个字节，若有以下说明和定义，sizeof（struct test）的值是（　）。

```
struct test
{
    int m1；        char m2；        float m3；
    union uu
    {
        char u1[5]；     int u2[2]；
    }ua；
}myaa；
```

A．12　　B．16　　C．14　　D．9

二、判断题：本题共 10 小题，每小题 1 分，共 10 分，正确的打 √，错误的打 ×。

（ ）1．C 语言中，源程序文件名的后缀是 .c。

（ ）2．C 语言中，所有的算术运算符都比逻辑运算符优先级高。

（ ）3．C 语言中，若有语句 int n=7；，则表达式 n/2 的值为 3.5。

（ ）4．C语言中，语句 printf（“%.2f”，90.349）；的输出结果是 90.35。

（ ）5．C语言中，整型常量的表示形式有十进制、八进制、十六进制和二进制。

（ ）6．C语言中， if语句不可以嵌套使用。

（ ）7．C语言中，对数组的访问通常是通过对数组元素的引用来实现的。

（ ）8．C语言中，定义了一个指针变量后，该指针就有了确定的指向。

（ ）9．C语言中，函数声明的作用是告诉编译系统该函数的存在，并将有关信息通知编译系统。

（ ）10．C语言规定，函数的返回值类型是由 return 后的表达式类型决定的。

三、填空题：本题共 14 小题，每空 1 分，共 20 分。

1．C程序的基本结构单位是_____。

2．设 int x=1，y=1；则表达式（！ x|| -- y）的值为______；该表达式执行后，y 的值 ___。

3．若 w=1，x=2，y=3，z=4，则条件表达式 w>x ？ w：y<z ？ y：z 的结果是_____。

4．已知字母 a 的 ASCII 码为十进制数 97，且设 ch 为字符型变量，则表达式 ch=’ a’ +’ 8’ -‘3’ 的值为______。

5．若有定义：static int a[3][4]={{1，2}，{0}，{4，6，8，10}}；则初始化后，a[1][2]=_____， a[2][1]=______。

6．在C语言中，若二维数组 a 有 m 列，则在 a[i][j] 前的元素个数为______。

7．int a=3，b=6，c；则 a/b 的值为______，c=a%b 的值是______。

8．int a[12]={1，2，3，4，5，6，7，8，9，10，11，12}，i=10，则数组元素 a[a[i]] 的值是______。

9．变量从生存期来分，可以分为_____变量和______变量。

10．char ch[5]={ ‘e’，’ f’， ‘\0’， ‘g’， ‘\0’ }；则 printf（“%s”，ch）；的输出结果是______。

11．int a[10]={1，2，3，4，5，6，7，8，9，10}，*p=a，b；b=p[5]；则 b 的值是______。

12． 若函数定义时省略数据类型，则默认为______。

13． 如有定义 int a[10]={1，2，3，4，5，6，7，8，9，103}，*p=a；则 *（p+4）的值是_____。

14．C语言中，实现两个字符串拷贝的函数是_____。

15．C语言表达式 3>2>1 的值是______，表达式！（3<6）||（4<9）的值是_____。

四、程序填空题：本题共2小题，每空2分，共10分。

1. 下面程序的功能是计算100到1000之间有多少个数其各位数字之和是5. 请填空。

```
#include<stdio. h>
void main（）
{
    nt i，s，k，count=0；
    for（i=100； i<=1000； i++）
    {
        s=0；  k=i；
        while（___①___）
        {
            s+=k%10；  k=___②___；
        }
        if（s！ =5）
            ___③___；
        else
            count++；
    }
    printf（“%d”，count）；
}
```

2. 下面程序将二维数组a的行和列元素互换后存到另一个二维数组b中，请填空。

```
#include<stdio．h>
void main（）
{
int a[2][3]={{1，2，3}，{4，5，6}}；
int b[3][2]，i，j；
printf（“array a：\n”）；
for（i=0；i<=1；i++）
{
   for（j=0；j<=2；j++）
   {
      printf（“%5d”，a[i][j]）；
      ___①___；
```

```
    }
    printf（“\n”）；
}
printf（“array b：\n”）；
for（i=0； i<=2 ； i++）
{
    for（j=0； j<=1； j++）
        printf（“%5d”，b[i][j]）；
    ___②___
}
}
```

五、阅读程序写结果：本题共 4 小题，每题 5 分，共 20 分。

1．

```
#include<stdio．h>
void main（）
{
int i;
for（i=1；i<=5；i++）
{
    if（i%2）
        printf（“*”）；
    else
        continue;
    printf（“#”）；
}
printf（“$\n”）；
}
```

2．

```
#include<stdio．h>
void main（）
{
int i，f[10];
f[0]=f[1]=1;
```

```
for（i=2；i<10；i++）
   f[i]=f[i-2]+f[i-1]；
for（i=0；i<10；i++）
{
   if（i%4==0）
       printf（“\n”）；
   printf（“%3d”，f[i]）；
}
 }
 3.
 #include<stdio. h>
 int m=10；
 void f（int n）
 {
n=6/n；  m=m/2；
 }
 int main（void）
 {
int n=3；
f（n）；
printf（“m=%d，n=%d\n”，m，n）；
return 0；
 }
 4.
 #include<stdio. h>
 int fun（int x）
 {
static int a=3；
a+=x；
return a；
 }
 int main（）
 {
int k=3，m=8，n；
```

```
n=fun（k）；
n=fun（m）；
printf（“%d”，n）；
}
```

六、编程题：本题共 1 小题，共 10 分。

从键盘输入 10 个整数，求解并输出偶数的和。

模拟试题七　参考答案

一、单选题

1	2	3	4	5	6	7	8	9	10
A	D	C	D	B	B	C	C	D	B
11	12	13	14	15					
D	A	B	B	A					

二、判断题

1	2	3	4	5	6	7	8	9	10
√	×	×	√	×	×	√	×	√	×

三、填空题

1. 函数　　2. 0 、 0　　3. 3　　4. ‘f’

5. 0 、 6　　6. i*m+j　　7. 0 、 3　　8. 12

9. 静态 、 动态　　10. ef　　11. 6　　12. int

13. 5　　14. strcpy（ ）　　15. 0 、 1

四、程序填空题

1. ① k！=0 ② k/10 ③ continue

2. ① b[j][i]=a[i][j]; ② printf（“\n”）；

五、阅读程序写结果

1. *#*#*#$

1 1 2 3

5 8 13 21

2. 34 55

3. m=5，n=3

4. 14

六、编程题

```
#include <stdio. h>
int main（）
{
	//1. 定义变量
	int a[10]，i，sum;
	//2. 变量值的来源
	printf（“请输入 10 个整数：”）;
	for（i=0; i<10; i++）
		scanf（“%d”，&a[i]）;
	sum=0;
	//3. 基本结构
	for（i=0; i<10; i++）
	{
		if（a[i]%2==0）
			sum+=a[i];
	}
	//4. 输出结果
	printf（“偶数和：%d\n”，sum）;
	return 0;
}
```

模拟试题八

一、单选题：本题共15小题，每小题2分，共30分。

1．以下叙述不正确的是（　）。

A．一个C源程序可由一个或多个函数组成

B．一个C源程序最多包含一个main函数

C．C程序的基本结构单位是函数

D．在C程序中，main函数必须位于程序的最前面

2．已知各变量的类型说明如下，则以下不符合C语法的表达式是（　）。int k，a，b；unsigned long w=5；double x=1.42；

A．x%（-3）　　B．w+=-2

C．k=（a=2，b=3，a+b）　　D．a+=a-=（b=4）*（a=3）

3．下列定义中合法的是（　）。

A．short _a=1-．1e-1；　　B．double b=1+5e2.5；

C．long do=0xfdaL；　　D．float 2_end=1-e-3；

4．数值029是一个（　）。

A．八进制数　　B．十六进制数

C．十进制数　　D．非法数

5．设有int x=11；，则表达式（x++*1/3）的值是（　）。

A．3　　B．4　　C．11　　D．12

6．设有说明：char w；int x；float y；double z；，则表达式w*x+z-y值的数据类型为（　）。

A．float　　B．char　　C．int　　D．double

7．当接受用户输入的含空格的字符串时，应使用的函数是（　）。

A．scanf（）　　B．gets（）

C．getchar（）　　D．getc（）

8．字符型常量在内存中存放的是（　）。

A．ASCII码　　B．BCD码

C．内部码　　D．十进制码

9．C语言的if语句中，用作判断的条件表达式为（　）。

A．任意表达式　　B．逻辑表达式

C．关系表达式　　　　D．算术表达式

10．执行以下程序段后，变量 a、b、c 的值分别是（　）。

```
int x=10，y=9；
int a，b，c；
a=（--x= =y++）？ --x： ++y；
b=x++；
c=y；
```

A．a=9，b=9，c=9　　　　B．a=8，b=8，c=10

C．a=9，b=10，c=9　　　　D．a=1，b=11，c=10

11．若 a、b 均是整型变量，正确的 switch 语句是（　）。

A．
```
switch（a）
{
    case 1．0：printf（“i\n”）；
    case 2：printf（“you\n”）；
}
```

B．
```
switch（a）
{
case b：printf（“i\n”）；
    case 1：printf（“you\n”）；
}
```

C．
```
switch（a+b）
{
case 1：printf（“i\n”）；
case 2*a：printf（“you\n”）；
}
```

D．
```
switch（a+b）
{
case 1：printf（“i\n”）；
case 2：printf（“you\n”）；
}
```

12．若有说明：int a[][3]={0，0}；，则下列所述正确的是（　）。

A．数组 a 的每个元素都可得到初值 0

B．二维数组 a 的第一维的大小为 4

C．数组 a 的行数为 2

D．只有元素 a[0][0] 和 a[0][1] 可得到初值 0，其余元素均得不到初值

13．下面程序段的运行结果是（　）。

```
char *s=“abcde”；s+=2；printf（“%d”，s）；
```

A．cde　　　　B．字符‘c’

C．字符‘c’的地址　　　　D．无确定的输出结果

14．以下说法正确的是（　）。

A．定义函数时，必须有形参

B．return 后边的值不能为表达式

C．如果函数类型与返回值类型不一致，以函数类型为准

D．如果形参与实参类型不一致，以实参类型为准

15．设有以下说明语句，则下述说法中正确的是（ ）。

```
typedef struct
{
int n;
char ch[8];
}PER;
```

A．PER 是结构体变量名　　B．PER 是结构体类型名

C．typedef struct 是结构体类型　　D．struct 是结构体类型名

二、判断题：本题共 10 小题，每小题 1 分，共 10 分，正确的打 √，错误的打 ×。

（ ）1．C 语言中，注释说明只能位于一条语句的后面。

（ ）2．C 语言中，代码书写不必区分大小写。

（ ）3．在 C 语言中，若有以下 int n=5，m；m=n++；执行该语句后 m 的值为 6。

（ ）4．C 语言中，全局变量若不赋初值，则它的初值为随机数。

（ ）5．C 语言中，do - while 循环语句至少执行一次循环体。

（ ）6．C 语言中，语句 int n=10，a[n]；可以定义有 10 个元素的一维整型数组 a。

（ ）7．C 语言中，指针变量都占 4 个字节。

（ ）8．C 语言中，数组名作为实参时传递的是数组的首地址。

（ ）9．C 语言中，函数必须有返回值，否则不能使用函数。

（ ）10．C 语言中，调用函数时，被调函数必须有实参。

三、填空题：本题共 15 小题，每空 1 分，共 20 分。

1．程序的 3 种基本控制结构是_____结构、_____结构和_____结构。

2．若有定义 int m=5，y=2；，则计算表达式 y+=y-=m*=y 后的 y 值是____。

3．若有定义：int a=2，b=3；float x=3.5，y=2.5；，则表达式（float）（a+b）/2+（int）x%（int）y 的值为____。

4．若有定义：int i=1，j=1，k=2；，则执行表达式（j++ || k++）&& i++ 后，i 的值为____，j 的值为____，k 的值为____ 。

5．C 语言中，break 语句只能用于____语句和____语句中。

6．若 a=6，b=4，c=2，则表达式！（a-b）+c-1&&b+c/2 的值是____。

7．判断字符串 a 和 b 是否相等，应当使用____函数。

8．在 C 语言中，二维数组元素在内存中的存放顺序是____。

9．char ch=‘a’；printf（“%d”，ch）；执行该语句后的输出结果是____。

10．char str1[20]=“abcde”，str2[20]=“xyz”；则执行语句 strcpy（str1，str2）；

printf（“%d”，strlen（str1））；后，输出结果是____。

11．int x=-2，则表达式 y=x>0？1：x<0？-1：0 的值是____。

12．C 语言中，strlen（“12\025ncf”）的值是____ 。

13．C 语言中，定义静态变量的关键字是____ 。

14．如果 n 是整型变量，则表达式 n%2==0 表示 n 是____数。

15．变量的指针，其含义是指该变量的____。

四、程序填空题：本题共 2 小题，每空 2 分，共 10 分。

1．下面程序的功能是输出 1 至 100 之间每位的乘积大于每位数的和的数，请填空。

```
#include<stdio. h>
void main（）
{
int n，k=1，s=0，m；
for（n=1；n<=100；n++）
{
 k=1；
 s=0；
 __①__；
 while（__②__）
 {
    k*=m%10；
    s+=m%10；
    __③__；
 }
 if（k>s）
    printf（“%d”，n）；
}
}
```

2．以下程序可求出所有的水仙花数（提示：所谓水仙花数是指一个三位正整数，其各位数字的立方之和等于该正整数。例如：407 ＝ 4*4*4+0*0*0+7*7*7，故 407 是一个水仙花数），请填空。

```
#include<stdio. h>
void main（）
{
```

```
int x, y, z, a[8], m, i=0;
printf("The special numbers are (in the arrange of 1000: \n)");
for (m=100; m<1000 ; m++ )
{
  x=m/100;
  y=___①___;
  z=m%10;
  if (x*100+y*10+z==x*x*x+y*y*y+z*z*z)
  {
    ___②___;
    i++;
  }
}
for (x=0; x<i; x++)
  printf("%6d", a[x]);
}
```

五、阅读程序写结果：本题共 4 小题，每题 5 分，共 20 分。

1.

```
#include<stdio.h>
void main()
{
int a=0, b=0, c=0;
if (a=b+c)
  printf("***\n");
else
  printf("$$$\n");
}
```

2.

```
#include<stdio.h>
void main()
{
int x=1, y=0, a=0, b=0;
switch (x)
```

```
{
case 1：
  switch（y）
  {
  case 0：a++； break；
  case 1：b++； break；
  }
case 2：
  a++； b++； break；
}
printf（“a=%d，b=%d”，a，b）；
}
```

3.

```
#include<stdio. h>
void main（）
{
static int a[3][3]={{1， 2}，{3， 4}，{5， 6}}， i， j， s=0；
for（i=0； i<3； i++）
  for（j=0； j<=i； j++）
      s+=a[i][j]；
printf（“%d\n”， s）；
}
```

4.

```
#include<stdio. h>
int f（int a）
{
int b=0；
static int c=3；
b++；
c++；
return（a+b+c）；
}
void main（）
{
```

```
int a=2，i;
for（i=0；i<3；i++）
  printf（“%4d”，f（a））;
}
```

六、编程题：本题共 1 小题，共 10 分。

从键盘输入 10 个整数，求出这 10 个整数的最大值和最小值，并将其输出。

模拟试题八　参考答案

一、单选题

1	2	3	4	5	6	7	8	9	10
D	A	A	D	A	D	B	A	A	B
11	12	13	14	15					
D	A	C	C	B					

二、判断题

1	2	3	4	5	6	7	8	9	10
×	×	×	×	√	×	√	√	×	×

三、填空题

1．顺序、选择、循环　2．−16　3．3.500000

4．2、2、2　5．switch、循环　6．1

7．strcmp（）　8．按行存放　9．97

10．3　11．−1　12．6

13．static　14．偶　15．首地址

四、程序填空题

1．① m=n ② m!=0 ③ m=m/10 或 m/=10

2．① m/10%10 或 m%100/10 ② a[i]=m

五、阅读程序写结果

1．<u>$$$</u>

2．<u>a=2，b=1</u>

3．<u>19</u>

4．<u>7 8 9</u>

六、编程题

```
#include<stdio. h>
void main（）
{
int a[10]，i，max，min;
printf（“请输入 10 个整数：”）；
for（i=0；i<10；i++）
  scanf（“%d”，&a[i]）；
max=a[0];
min=a[0];
for（i=1；i<10；i++）
{
  if（max<a[i]）
      max=a[i];
  if（min>a[i]）
      min=a[i];
}
printf（“最大值是：%d，最小值是：%d\n”，max，min）；
}
```

模拟试题九

一、单选题：本题共 15 小题，每小题 2 分，共 30 分。

1．任何一个 C 语言的可执行程序都是从（　）开始执行的。

A. 程序中的第一个函数　　B. main（）函数的入口处

C. 程序中的第一条语句　　D. 编译预处理语句

2．设有 int x=14；，则表达式（++x*1/3）的值是（　）。

A. 3　　B. 4　　C. 5　　D. 12

3．下面四个选项中，是合法的浮点数的选项是（　）。

A. 1e3.5　　B. 3e　　C. 3.5e3.2　　D. 3.5e4

4．在 C 语言中，int、char 和 short 三种类型数据在内存中所占用的字节数（　）。

A. 由用户自己定义

B. 均为 2 个字节

C. 是任意的

D. 由所用机器的机器字长决定

5．以下程序的输出结果是（　）。

void main（）{float x=3.6；inti；i=（int）x；printf（"x=%.2f，i=%d\n"，x，i）；}

A. x=3.600000，i=4

B. x=3，i=3

C. x=3.60，i=3

D. x=3，i=3.60

6．C 语言的 if 语句嵌套时，if 与 else 的配对关系是（　）。

A. 每个 else 总是与它上面的最近的没与其他 if 配对的 if 配对

B. 每个 else 总是与最外层的 if 配对

C. 每个 else 与 if 的配对是任意的

D. 每个 else 总是与它上面的 if 配对

7．在 C 语言中，char 型数据在内存中的存储形式是（　）。

A. 补码　　B. 反码　　C. 原码　　D. ASCII 码

8．执行语句 for（i=1；i++<6；）；后变量 i 的值是（　）。

A. 3　　B. 4　　C. 7　　D. 不定

9．以下程序的运行结果是（ ）。

```
void main（）
{
    int i=1，sum=0；
    while（i<10）
        sum=sum+i；
        i++；
    printf（“i=%d，sum=%d”，i，sum）；
}
```

A. i=10，sum=9

B. i=9，sum=9

C. i=2，sum=1

D. 运行出现错误

10．以下能对一维数组 a 进行正确初始化的语句是（ ）。

A. int a[10]=（0，0，0，0，0）　　B. int a[10]={}；

C. int a[]={0，2，3}；　　D. int a[5]={1，2，3，4，5，6}；

11．若有 char s1[]=“abc”，s2[20]，*t=s2；gets（t）；，则下列语句中能够实现当字符串 s1 大于字符串 s2 时，输出 s2 的语句是（ ）。

A. if（strcmp（s1，s2）>0）puts（s2）；

B. if（strcmp（s2，s1）>0）puts（s2）；

C. if（strcmp（s2，t）>0）puts（s2）；

D. if（strcmp（s1，t）>0）puts（s2）；

12. 以下不正确的定义语句是（ ）。

A. double x[5]={2.0，4.0，6.0，8.0，10.0}；

B. int y[5]={0，1，3，5，7，9}；

C. char c1[]={‘1’，‘2’，‘3’，‘4’，‘5’}；

D. char c2[]={‘\x10’，‘\xa’，‘\x8’}；

13. 若有定义 int k= 7，x=12；，则能使值为 3 的表达式是（ ）。

A. x% = k % 5　　B. x% =（k – k % 5）

C. x% = k – k % 5　　D.（x %= k）–（k %= 5）

14. 在函数调用时，以下说法正确的是（ ）

A. 函数调用后必须带回返回值

B. 实际参数和形式参数可以同名

C. 函数间的数据传递不可以使用全局变量

D. 主调函数和被调函数总是在同一个文件里

15．若有 int a[5]={10，20，30，40，50}，*p；p=&a[1]；，则执行语句 *p++；后，*p 的值是（ ）。

A. 20　　B. 30　　C. 21　　D. 31

二、判断题：本题共 10 小题，每小题 1 分，共 10 分，正确的打 √，错误的打 ×。

（ ）1．形参只有在被调用时才分配存储空间。

（ ）2．语句 printf（“%.4f”，1.0/3）；输出为 0.3333。

（ ）3．变量根据其作用域的范围可以分为静态变量和动态变量。

（ ）4．a=（b=4）+（c=6）不是一个合法的赋值表达式。

（ ）5．表达式（j=3，j+1，j++）的值是 5。

（ ）6．数组 char array [ ]=“hello”；，则数组 array 所占的空间为 5。

（ ）7．调用语句 func（rec1，（rec2，rec3））；中，含有的实参个数是 2。

（ ）8．想使一个数组中全部元素的值为 0，可以写成 int a[10]={0*10}；。

（ ）9．C 语言规定，实参应与其对应的形参类型一致。

（ ）10．C 语言中，语句 int *p；char ch=‘a’；p=&ch；表示把变量 ch 的地址存入指针变量 p 中。

三、填空题：本题共 15 小题，每空 1 分，共 20 分。

1．一个 C 源程序中至少应包括一个____函数。

2．设 x=62，表达式 x==1 || x>=60&&x<70 的值为____。

3．C 语言规定，标识符只能由____、____和____三种字符组成。

4．已知 int i=5；，写出语句 i+=014；，执行后整型变量 i 的十进制值是____。

5．已知 int x=6；，则执行 x+=x−=x*x 语句后，x 的值是____。

6．设 y 为 int 型变量，描述“y 是奇数”的表达式是____。

7．已知 int x=10，y=9，a；，执行 a=（−−x==y++）？ −−x：++y；后，a 的值为____。

8．当 a=3，b=2，c=1 时，表达式 f=a>b>c 的值是____。

9．若有定义：int a[10]={2，4，6，8}；，则 a[1]=____，a[4]=____，最大下标的元素是____。

10．当调用函数时，实参是一个数组名，则向函数传送的是____。

11. 若在程序中用到“strlen（）”函数时，应在程序开头写上包含命令 # include “____”。

12．C 语言中，连接两个字符串的函数是____。

13．一个定义在任何函数之外的变量称为____。

14．若 a=7；b=8；c=9；d=10；m=3；n=3；则执行（m=a>b）&&（n=c>d）后，m 和 n 的值分别为____和 ____。

15．若有以下定义和语句：int a[5]={0，1，2，3，6}，*p；p=&a[2]；，则 *（p+1）的值是____。

四、程序填空题：本题共 2 小题，每空 2 分，共 10 分。

1．下面程序段是从键盘输入的字符中统计数字字符的个数，用换行符结束循环，请填空。

```
#include<stdio.h>
void main（）
{
      int n=0， c;
         c=getchar（）；
         while（___①___）
         {
              if（___②___）
                  n++;
         ___③___
         }
         printf（“数字字符的个数为：%d\n”， n）；
}
```

2．函数 fun 的作用是求整数 num1 和 num2 的最大公约数，并返回该值，请填空。

```
int fun（int num1， int num2）
{
int temp， a， b;
if（num1<num2）
{
    temp=num1;   num1=num2;   num2=temp;
}
a=num1;
b=num2;
while（___①___）
{
      ___②___
      a=b;
      b=temp;
}
```

```
return（a）;
}
```

五、阅读程序写结果：本题共 4 小题，每题 5 分，共 20 分。

1.

```
#include<stdio.h>
void main（）
{
    char a[]="123456789"，*p;
    int i=0;
    p=a;
    while（*p）
    {
        if（i%2==0）
            *p='*';
        p++;
        i++;
    }
    puts（a）;
}
```

2.

```
#include<stdio.h>
void main（）
{
  int y=10;
  do
  {
      y--;
  }while（--y）;
  printf（"%d\n"，y）;
}
```

3.

```
#include<stdio.h>
void main（）
{
```

```
        int a=0， i；
        for（i=1； i<5； i++）
        { switch（i）
           {
             case 0：
             case 3：a+=2；
             case 1：
             case 2：a+=3；
             default：a+=5；
        }
        }
        printf（“%d\n”，a）；
}
```

4.

```
#include <stdio.h>
int fun（int a，int b）；
void main（）
{
        int i=1，p；
        p=fun（i，i+1）；
        printf（“%d\n”，p）；
}
int fun（int a，int b）
{
        int f;
        if（a>b）
             f=1；
        else if（a==b）
             f=0；
        else
             f=-1；
        return f;
}
```

六、编程题：本题共 1 小题，共 10 分。

输出 2 到 100 内的所有素数，并控制每行输出 5 个数。

模拟试题九　参考答案

一、单选题

1	2	3	4	5	6	7	8	9	10
B	C	D	D	C	A	D	C	D	C
11	12	13	14	15					
A	B	D	B	B					

二、判断题

1	2	3	4	5	6	7	8	9	10
√	√	×	×	×	×	√	×	×	×

三、填空题

1. main　2. 1　3. 数字、字母、下划线

4. 17　5. -60　6. y%2!=0

7. 8　8. 0　9. 4、0、a[9]

10. 数组的首地址　11. string.h　12. strcat（）

13. 全局变量　14. 0、3　15. 3

四、程序填空题

1. ① c!= '\n' ② c>= '0' && c<= '9' ③ c=getchar（）；

2. ① b!=0 ② temp=a%b；

五、阅读程序写结果

1. *2*4*6*8*

2. 0

3. 31

4. ____-1____

六、编程题

```
#include <stdio.h>
#include <math.h>
void main（）
{
      int n，i，count=0;
      for（n=2; n<=100; n++）
      {
            for（i=2; i<=sqrt（n）; i++）
            {
                  if（n%i==0）
                        break;
      }
      if（i>sqrt（n））
      {
            printf（“%4d”，n）;
            count++;
            if（count%5==0）
                  printf（“\n”）;
            }
         }
      }
```

模拟试题十

一、单选题：本题共 15 小题，每小题 2 分，共 30 分。

1．下列叙述中错误的是（　）。

A. C 程序可以由多个程序文件组成

B. C 程序可以由一个或多个函数组成

C. 一个 C 语言程序只能实现一种算法

D. 一个 C 函数可以单独作为一个 C 程序文件存在

2．若有定义：int a=7；float x=2.5；，下列表达式错误的是（　）。

A. a+x　　B. a-x　　C. a/x　　D. a%x

3．以下选项中，合法的标识符是（　）。

A. _int　　B. for　　C. 51job　　D. ave-score

4．以下选项中，不合法的常量为（　）。

A. 3.14e3.5　　B. 077　　C. 0xaf　　D. 123L

5．设有定义：int a； float b；执行 scanf（"%2d%f"，&a，&b）；语句时，若从键盘输入 876 543.0< 回车 >，a 和 b 的值分别是（　）。

A. 876 和 543.000000　　B. 87 和 6.000000

C. 87 和 543.000000　　D. 76 和 543.000000

6．若变量均已正确定义并赋值，以下合法的 C 语言赋值语句是（　）。

A. z=n*i%1.5；　　B. x*n=i；

C. x=u==w；　　D. x=8=3+5；

7. 设 int i=1，j=1，k=2；，求解完表达式（j++ && k++）|| i++ 后，i、j、k 的值为（　）。

A. 2，2，2　　B. 2，2，3　　C. 1，2，3　　D. 1，2，2

8．执行语句 for（i=0；i++<3；）；后，变量 i 的值为（　）。

A. 3　　B. 4　　C. 5　　D. 2

9．已知字母 a 的 ASCII 码为十进制数 97 且 c2 为字符型，则执行语句 c2='a'+'6'-'3'；printf（"%c"，c2）；后，输出结果为（　）。

A. 100　　B. D　　C. 错误　　D. d

10．设 int i=2，j=3，a[3][4]={0}；，下列引用数组元素正确的是（　）。

A. a[3][2]　　B. a[3][4]　　C. a[0][4]　　D. a[i][j]

11. 已知：char str[10]，*p=str；，则正确的赋值语句是（　）。

A. p=“hello”；　　B. *p=“hello”；

C. str=“hello”；　　D. *str=“hello”；

12．关于以下程序段的正确说法是（　）。

```
x=0;
do
  { x=x*x; }
while（! x）;
```

A. 有语法错误　　B. 是死循环　　C. 循环执行一次　　D. 循环执行二次

13. 若有以下定义 int a[8]，*pt=a；，则对数组元素的正确引用是（　）。

A. *&a[8]　　B. *（a+7）　　C. *（pt+8）　　D. pt+3

14. 对于下面的结构，引用方式错误的是（　）。

```
struct student
  {
  int num;
  char name[20];
  } student，*p=&student;
```

A. student.num　　B. （*p）.num

C. student ->num　　D. p->num

15. 设 int a=100，b=200，*pa；pa = &a；，则下列赋值方式错误的为（　）。

A. a = b;　　B. *pa = b;　　C. pa= &b；　　D. pa = b；

二、判断题：本题共 10 小题，每小题 1 分，共 10 分，正确的打 √，错误的打 ×。

（　）1．一个 C 语言程序中，有且只有一个主函数 main。

（　）2．若有 char ch1=‘A’；ch1=ch1+32；，则 printf（“%d”，ch1）；的输出结果为 a。

（　）3．变量根据其作用域的范围可以分为局部变量和全局变量。

（　）4．C 语言中，语句 for（；；）；有语法错误。

（　）5．若有定义 char x[ ]=“abcdefg”；char y[ ]={‘a’，‘b’，‘c’，‘d’，‘e’，‘f’，‘g’}；，则数组 x 和数组 y 的长度相同。

（　）6．已知 short int 类型变量占用两个字节，若有定义：short int x[10]={0，2，4}；，则数组 x 在内存中所占字节数是 6。

（　）7．语句 int a[3][]={{1，2}，{1，2，3}，{1，2，3，4}}；表示定义一个 3 行 4 列的二维数组。

（　）8．数组的大小是固定的，但可以有不同类型的数组元素。

（　）9．不可以用关系运算符对字符数组中的字符串进行比较。

（　）10．函数不可以嵌套定义，但可以嵌套调用。

三、填空题：本题共 17 小题，每空 1 分，共 20 分。

1．在 C 语言中，标识符必须以____字符或____字符开头。

2．假设用 2 个字节存放，–8 在内存中的存储形式是____。

3．C 程序编译后生成____程序，连接后生成____程序。

4．sizeof（float）的值是____。

5．已知：int i=6，j；，则执行语句 j=（++i）；后的 j 值是____。

6．若有说明语句：char c=‘\72’；则变量 c 包含____个字符。

7．C 语言中，若未说明函数的类型，则系统默认该函数的类型是____。

8．有如下函数调用语句 func（rec1，rec2+rec3，rec4，rec5）；，该函数调用语句中，含有的实参个数是____。

9．在 C 语言中，int a[ ][3]={1，2，3，4，5，6}；后，a[1][0] 的值是____。

10．C 语言中，凡未指定存储类别的局部变量的隐含存储类别是____。

11．若在程序中用到“sqrt（）”函数时，应在程序开头写上包含命令 # include “____”。

12．已知：int x；，则使用逗号表达式（x=4*5，x*5），x+25 的结果是_____，变量 x 的值为____。

13．判断字符型变量 ch 为小写字母的表达式是____。

14．能正确表示 x 的取值范围在 [0，100] 和 [–10，–5] 内的表达式是____。

15．在 C 语言中，在定义 int a[5][6]；后，数组 a 中的第 10 个元素是____。

16．字符串 s1 的长度的表达式为____。

17．既可以指定局部变量的存储方式，又可以指定全局变量的存储方式的存储类型为____。

四、程序填空题：本题共 2 小题，每空 2 分，共 10 分。

1．建立学生信息结构体，并建立一个学生王婧（WangJing）的记录，请填空。

```
#include <stdio.h>
int main（）
{
    struct Student
    { int num；char name[20]；int math；int english；}；
    ___①___ WangJing；
    printf（“Please input the num，name，math，english：\n”）；
    scanf（“%d%s%d%d”，&WangJing.num，____②____，&WangJing.english，
```

```
&WangJing.english）；
        return 0；
    }
```

2．以下程序中，函数 fun 的功能是计算 x2+2x–6，主函数中将调用 fun 函数分别计算：y1=（x–2）2+2（x–2）–6 和 y2=sin2（x）+2 sin（x）–6，请填空。

```
#include <stdio.h>
#include <math.h>
double fun（double  x）
{ return（x*x+2*x–6）；  }
void  main（ ）
{
   double  x，y1，y2；
   printf（“Enter x：”）；  scanf（“%lf”，&x）；
   y1=fun（___①___）；
   y2=fun（___②___）；
   printf（“y1=%lf，y2=%lf\n”，y1，y2）；
}
```

3．下面是判断一个数是否为素数的函数，请填空。

```
#include <stdio.h>
#include <math.h>
int IsPrime（int n）
{
int i；
if（n<=1）  return 0；
for（i=2；i<=sqrt（n）；i++）
   if（_____）
       return 0；
return 1；
}
```

五、阅读程序写结果：本题共 4 小题，每题 5 分，共 20 分。

1.

```
#include <stdio.h>
int main（ ）
```

```
{
        char s1[80]= "DJDH", s2[40]= "syh";
        int i=0, j=0;
        while (s1[i] ! = '\0')
              i++;
        while (s2[j] != '\0')
        s1[i++]=s2[j++];
        s1[i] = '\0';
        printf "%s\n", s1);
        return 0;
}
```

2.

```
#include <stdio.h>
void sort (int *x, int n)
{
        int i, j, k, t;
        for (i=0; i<n-1; i++)
        {
              k=i;
              for (j=i+1; j<n; j++)
              if (* (x+j) >* (x+k) )  k=j;
              if (k!=i)
              { t=* (x+i) ; * (x+i) =* (x+k) ; * (x+k) =t;  }
        }
}
void main ( )
{
        int *p, a[4]={8, 34, 23, 45};
        sort (a, 4) ;
        for (p=a; p<a+4; p++)
           printf ( "%d", *p) ;
}
```

3.

```
#include <stdio.h>
```

```
void main（ ）
{
      int n=5678，d;
      while（n!=0）
      {
           d=n%10;
           printf（“%d”，d）;
           n/=10;
      }
}
```

4.

```
#include <stdio.h>
void fun（）
{
      static int a=0;
      a+=2;
      printf（“a = %d\n”，a）;
}
int main（）
{
          int i;
          for（i=1；i<5；i++）
          fun（）;
      return 0;
}
```

六、编程题：本题共 1 小题，共 10 分。

阿姆斯特朗数也就是俗称的水仙花数，是指一个三位数，其各位数字的立方和等于该数本身。例如：$153=1^3+5^3+3^3$，所以 153 就是一个水仙花数。求出所有的水仙花数。

模拟试题十　参考答案

一、单选题

1	2	3	4	5	6	7	8	9	10
C	D	A	A	B	C	C	B	D	D
11	12	13	14	15					
A	B	B	C	D					

二、判断题

1	2	3	4	5	6	7	8	9	10
√	×	√	×	×	×	×	×	√	√

三、填空题

1. 字母 、 下划线
2. 1111111111111000
3. 目标 、 可执行
4. 4
5. 7
6. 1
7. int
8. 4
9. 4
10. auto
11. math.h
12. 45 、 20
13. ch>= 'a' && ch<= 'z'
14. （x>=-10 && x<=-5）||（x>=0 && x<=100）
15. a[1][3]
16. strlen（ s1 ）
17. static

四、程序填空题

1. ① struct Student ② WangJing.name
2. ① x-2 ② sin（x）
3. n%i==0

五、阅读程序写结果

1. DJDHsyh

2. 45 34 23 8

3. 8765

4.
```
a = 2
a = 4
a = 6
a = 8
```

六、编程题

```
#include <stdio.h>
int main（void）
{
    int n，g，s，b;
    for（n=100; n<=999; n++）
    {
        g=n%10;
        s=n/10%10;
        b=n/100;
        if（n==g*g*g+s*s*s+b*b*b）
            printf（"%6d"，n）;
    }
    return 0;
}
```

模拟试题十一

一、单选题：本题共15小题，每小题2分，共30分。

1．下列叙述中正确的是（　）。

A．在C程序中，main（）函数的位置是固定的

B．在C程序的函数中不能定义另一个函数

C．C程序中所有函数之间都可以相互调用，与函数所在位置无关

D．每个C程序文件中都必须要有一个main（）函数

2．在计算机上可以直接运行的程序是（　）。

A．高级语言程序　　B．汇编语言程序

C．机器语言程序　　D．C语言程序

3．以下选项中，合法的标识符是（　）。

A．int　　B．For

C．23sum　　D．stu-name

4．以下选项中，不合法的常量为（　）。

A．#define PI 3.14　　B．0xff

C．3e-5　　D．018

5．以下符合C语言语法的赋值表达式是（　）。

A．d=9+e+f=d+9　　B．d=9+e，f=d+9

C．d=9+e，e++，d+9　　D．d=9+e++=d+7

6．以下选项中，不属于C语言的类型的是（　）。

A．signed short int　　B．unsigned long int

C．unsigned int　　D．long short

7．设int i=1，j=0，k=2;，求解完表达式（j++ && k++）|| i++后，i、j、k的值为（　）。

A．2，1，2　　B．2，2，3

C．1，2，3　　D．1，2，2

8．以下语句错误的是（　）。

A．if（x>y）；

B．if（x=y）&&（x!=0）x+=y;

C．if（x！=y）scanf（"%d"，&x）；esle scanf（"%d"，&y）；

D．if（x<y）{x++；y++；}

9．已知字母a的ASCII码为97，以下程序运行后的输出结果是（　）。

```
void main（）
{
char c1=‘a’；
c1=c1-32；
printf（“%c，%d\n”，c1，c1）；
}
```

A．输出无定值　　B．a，97

C．65，97　　D．A，65

10．设int i=2，j=3，a[3][4]={0}；，下列引用数组元素正确的是（　）。

A．a[3][2]　　B．a[3][4]

C．a[0][i+j]　　D．a[i][j-i]

11．若有语句int *point，a=4；和point=&a；，下面均代表地址的一组选项是（　）。

A．a，point，*&a　　B．&*a，&a，*point

C．*&point，*point，&a　　D．&a，&*point，point

12．已知：char c1[]={“abcd”}；char c2[]={‘a’，‘b’，‘c’，‘d’}；，则下所述正确的是（　）。

A．数组c1和数组c2等价

B．数组c1和数组c2的长度相同

C．数组c1的长度大于数组c2的长度

D．以上都不对

13．既可以放在局部变量前又可以放在全局变量前的存储类型为（　）。

A．static　　B．auto

C．register　　D．extern

14．以下叙述中正确的是（　）。

A．用户定义的函数中必须有return语句

B．用户定义的函数中若没有return语句，则应当定义函数为void类型

C．函数的return语句中必须有表达式

D．用户定义的函数中可以有多个return语句，以便可以调用一次返回多个函数值

15．若有int a=3；，则下列对指针p的说明和初始化正确的是（　）。

A．int *p=a；　　B．int *p=*a；

C．int *p=&a；　　D．int p=&a；

二、判断题：本题共 10 小题，每小题 1 分，共 10 分，正确的打 √，错误的打 ×。

（ ）1．main 函数可以放在 C 程序的中间部分，但在执行 C 程序时是从 main 函数开始的。

（ ）2．符号常量和变量一样，可以重新赋值。

（ ）3．使用 % 做求余运算时，操作数可以是 float 类型。

（ ）4．在 C 程序中，变量不必先定义就可使用。

（ ）5．为了表示关系 x ≥ y ≥ z，应使用 C 语言表达式（x>=y）&&（y>=z）。

（ ）6．一个 switch 语句可以出现超过一个 default。

（ ）7．while 循环语句中的循环体语句有可能一次都不执行。

（ ）8．在 C 语言中，数组元素的数据类型可以不一致。

（ ）9．在 C 程序中，逗号运算符的优先级最低。

（ ）10．C 函数既可以嵌套定义又可以递归调用。

三、填空题：本题共 17 小题，每空 1 分，共 20 分。

1．构成 C 程序的基本单位是______。

2．若 x，i，j 和 k 都是 int 型变量，则计算表达式 x=（i=4，j=16，k=++i）后，x 的值为 ______。

3．设有 int x=11；，则表达式（++x*1/3）的值是______。

4．语句 printf（“%d\n”，strlen（“\t\”\065\xff\n））；的输出结果是______。

5．已知：int i=0，j=0；，则执行语句 k= i ++ || j++；后的 k 值是______。

6．若有语句：double d=3.2；int x，y；x=1.2；y=（x+3.8）/5.0；，则表达式 d*y 的值为______。

7．在 C 语言中，一个 float 型数据和一个 double 型数据在内存中所占的字节数分别为______和______。

8．定义枚举类型的关键字是______。

9．设变量 a 是 int 型，f 是 float 型，i 是 double 型，则表达式 10+‘a’+i*f 值的数据类型为______。

10．能正确表示逻辑关系：“a ≥ 10 或 a ≤ 0”的 C 语言表达式是______。

11．在 C 语言中，求平方根应使用函数______。

12．执行语句 for（i=1；++i<4；）；后变量 i 的值是______。

13．若有定义 char c=‘*’；，则表达式‘a’<=c<=‘z’的值是______。

14． 已 知：int a[10]={1，2，3，4，5，6，7，8，9，10}；int*p=&a[3]，b；b=p[5]；，则 b 的值是 ______。

15．已知 char str[]=“ABC”，*p=str；，则语句 printf（“%d\n”，*（p+3））；

的输出结果是______。

16．若有说明：int a [][3]={1，2，3，4，5，6，7}；，则a数组第一维的大小是_____。

17．只能指定全局变量的存储方式的存储类型为______。

18．C语言中，预处理命令行都必须以______字符开始。

19．已知char *p=“abcdefgh”；p+=3；，则语句printf（“%s\n”，p）；的输出结果为______。

四、程序填空题：本题共2小题，每空2分，共10分。

1．以下代码可实现输入一行字符，分别统计出其中英文字母、数字、空格和其他字符的个数，请填空。

```
#include <stdio. h>
int main（）
{
    int i，j，letter，digit，space，other;
    char text[80];
    letter=digit=space=other=0;
    printf（“please input a string：”）；
    gets（text）；
    i=0;
    while（text[i] ！ = ‘\0’）
    {
        if（text[i]>= ‘A’ && text[i]<= ‘Z’ ||__①__）
            letter++;
        else if（text[i] >= ‘0’ && text[i] <= ‘9’）
            digit++;
        else if（__②__）
            space-+;
        else
            __③__
        i++;
    }
printf（“字母：%d，数字：%d，空格：%d，其他：%d\n”，letter，digit，
space，other）；
return0;
```

}

2. 以下代码可实现求Sn=1！+2！+3！+4！+5！+…+n！，其中n是一个数字（n不超过20），请填空。

```
#include <stdio. h>
int main（）
{
     long s，t；
     int n；
     s=0；
     ___①___
     for（n=1；n<=20；n++）
     {
          ___②___
          s += t；
     }
     printf（“1！+2！+...+20！=%ld\n”，s）；
     return 0；
}
```

五、阅读程序写结果：本题共4小题，每题5分，共20分。

1.

```
#include<stdio. h>
void main（）
{    int a=0，i；
     for（i=1；i<4；i++）
     {
          switch（i）
          {
          case 0：  case 3：a+=2；
          case 1：  case 2：a+=3；
          default：a+=5；
          }
     }
     printf（“%d\n”，a）；
```

```
}
```

2.

```
#include <stdio. h>
int main（）
{
    int i，j，*p，*q;
    i=2;    j=10;
    p=&i;    q=&j;
    *p=10;    *q=2;
    printf（“i=%d，j=%d\n”，i，j）；
    return 0;
}
```

3.

```
#include <stdio. h>
int main（）
{
    int s[5]={7，-2，18，8，-34}，i，k，t;
    for（i = 0; i < 4; i++）
        for（k = i+1; k < 5; k++）
            if （s[i] > s[k]）
                t = s[i]，s[i] = s[k]，s[k] = t;
    for（i = 0; i < 5; i++）
        printf（“%d”，s[i]）；
    return 0;
}
```

4.

```
#include <stdio. h>
int func（int a，int b）；
int main（）
{
    int k=5，m=2，p;
    p=func（k，m）；                printf（“%d，”，p）；
    p=func（k，m）；                printf（“%d\n”，p）；
   return 0;
```

```
}
int func（int a，int b）
{
    static int m=0，i=2；
    i+=m+1；
    m=i+a+b；
    return（m）；
}
```

六、编程题：本题共 1 小题，共 10 分。

从键盘输入若干个非零整数，请统计并输出负数的个数与正数的平均值，输入 0 时结束。要求平均值保留 1 位小数。

模拟试题十一　参考答案

一、单选题

1	2	3	4	5	6	7	8	9	10
B	C	B	D	B	D	A	B	D	D
11	12	13	14	15					
D	C	A	B	C					

二、判断题

1	2	3	4	5	6	7	8	9	10
√	×	×	×	√	×	√	×	√	×

三、填空题

1．函数　2．5　3．4　4．5

5．0　6．0　7．4、8　8．enum

9．double　10．a>=10 || a<=0　11．sqrt（）

12．4　13．0　14．9　15．0

16. <u>3</u>　　17. <u>extern</u>　　18. <u>#</u>　　19. <u>defgh</u>

四、程序填空题

1. ①<u>text[i] >=‘a’ && text[i] <=‘z’</u>②<u>text[i] ==‘ ’</u>③<u>other++;</u>

2. ①<u>t=1;</u>②<u>t*=n;</u>

五、阅读程序写结果

1. <u>26</u>
2. <u>i=10，j=2</u>
3. <u>-34　-2　7　8　18</u>
4. <u>10，21</u>

六、编程题

```
#include <stdio.h>
int main()
{
    int n, count1=0, count2=0, sum=0;
    float average=0;
    printf("请输入若干个整数，输入0时结束：\n");
    scanf("%d", &n);
    while (n!=0)
    {
        if (n>0)
        {
            sum+=n;
            count1++; // 正数的个数
        }
        else
            count2++; // 负数的个数
        scanf("%d", &n);
    }
    if (count1!=0)
        average=(float)sum/count1;
    printf("所输入的正数的平均值为：%.1f\n", average);
    printf("所输入的负数的个数为：%d\n", count2);
    return 0;
}
```

模拟试题十二

一、单选题：本题共 15 小题，每小题 2 分，共 30 分。

1. C 语言源程序文件的扩展名为（ ）。

A. .exe B. .c C. .obj D. .lik

2. 下列不正确的转义字符是（ ）。

A. '\\' B. '\' C. '074' D. '\0'

3. C 语言中，不能表示字符 a 的选项是（ ）。

A. 'a' B. '97' C. '\141' D. '\x61'

4. 变量说明语句 char s = '\t'，使 s 包含了（ ）个字符。

A. 1 B. 2 C. 3 D. 说明有错

5. 以下选项中是正确的整型常量的是（ ）。

A. 1.2 B. –20 C. 1，000 D. 2e3

6. 下列运算符中，运算对象必须是整型的是（ ）。

A. / B. %= C. = D. &

7. 下列各表达式中，其值为 0 的是（ ）。

A. 7/14 B. ！ 0 C. 1 && 1 || 0 D. 3>5 ？ 0：1

8. 若 x、y、z 均被定义为整数，则下列表达式终能正确表达代数式 1/（x*y*z）的是（ ）。

A. 1/x*y*z B. 1.0/（x*y*z）

C. 1/（x*y*z） D. 1/x/y/（float）z

9. 如果变量 x、y 已经正确定义，下列语句哪一项不能正确将 x、y 的值进行交换（ ）。

A. x=x+y；y=x–y；x=x–y； B. t=x；x=y；y=t；

C. t=y；y=x；x=t； D. x=t；t=y；y=x；

10. 若有声明：double a[10]；，则数组 a 占内存空间的字节数为（ ）。

A. 20 B. 40 C. 60 D. 80

11. 若有声明：char s[]="ab\tcd"；，则数组 s 占内存空间的字节数为（ ）。

A. 5 B. 6 C. 7 D. 8

12. 已知 char s[]="worker"；，输出时显示字符'k'的表达式是（ ）。

A. s B. s+3 C. s[3] D. s[4]

13．下列关于数组下标的描述中，错误的是（　）。

A．C 语言中数组元素的下标是从 0 开始的

B．数组元素下标是一个整常型表达式

C．数组元素可以用下标来表示

D．数组元素用下标来区分

14．已知：函数 fun 的原型声明如下 int fun（int*a）；，并有 int m=10；，下列调用 fun（）函数的语句中，正确的是（　）。

A．fun（&m）；　　B．fun（m*2）；

C．fun（m）；　　D．fun（m++）；

15．下列关于函数作用的说法错误的是（　）。

A．一次编写，多次调用

B．实现某种带有通用性的功能

C．使程序结构更加清晰，易于理解，便于分工

D．提高程序的执行效率

二、判断题：本题共 10 小题，每小题 1 分，共 10 分，正确的打 √，错误的打 ×。

（　）1．若有定义和语句，则 sum=21。

int a[3][3]={{3，5}，{8，9}，{12，35}}，i，sum=0；

for（i=0；i<3；i++） sum+=a[i][2-i]；

（　）2．C 语言中只能逐个引用数组元素而不能一次引用整个数组。

（　）3．有如下程序段：int i，j = 2，k，*p = &i；k = *p + j；，这里出现的两个“*”号，含义是一样的。

（　）4．若有 int i=10，j=2；，则执行完 i*=j+8；后 i 的值为 28。

（　）5．使用 strlen 函数可以求出一个字符串的实际长度（包含‘\0’字符）。

（　）6．如果被调用函数的定义出现在主调函数之前，可以不必加以声明。

（　）7．x=y++；等价于 x=y；　y++；。

（　）8．C 允许对数组的大小作动态定义，即可用变量定义数组的大小。

（　）9．假设有 int a[10]，*p；，则 p=&a[0] 与 p=a 等价。

（　）10．数组定义 int a[10]；表示数组名为 a，此数组有 10 个元素，第 10 个元素为 a[10]。

三、填空题：本题共 16 小题，每空 1 分，共 20 分。

1．C 语言源程序文件经过编译之后，生成后缀为 .obj 的 ________ 文件，经连接生成后缀为 .exe 的可执行文件。

2．设 x=0&&2||5>1，x 的值为 ______________。

3．若有定义 int a=7，b=5；，则 printf（“%d\n”，b=b/a）；的输出结果是 ________。

4．若所用变量均已正确定义，则执行下面程序段后 x 的值是 ________________。

```
int x=100，a=10，b=20，k1=5，k2=0；
if（a<b）
    if（b!=15）
        if（!k1）x=1；
        else if（k2）x=10；
x= -1；
```

5．若有定义 int a=1，b=2，c=3；，则执行语句 if（a>c）b=a；a=c；c=b；后，c 的值是 _____________。

6．C 语言中，一个函数由函数首部和 ________________ 两部分组成。

7．设有以下定义的语句：int a[3][2]={10，20，30，40，50，60}，（*p）[2]；p=a；，则 *（*（p+2）+1）值为 __________。

8．描述命题“A 小于 B 或小于 C”的 C 语言表达式为 ______________。

9．表达式 7.5+1/2+45%10=________________。

10．已知 int a[10]={0，1，2，3，4}；，则值为 2 的数组元素是 _______，数组元素 a[5] 的值是 _________，可使用的最大下标的元素是 ________。

11．C 语言规定，在每一个字符串的结尾加上一个 __________ 字符，以便系统据此判断字符串是否结束。

12．赋值运算符的结合性是由 __________ 至 ___________。

13．在 C 语言中，若需要在程序文件中进行标准输入输出操作，则必须加入预处理命令 _________，若使用到数学库中的函数时，须加入预处理命令 __________。

14．C 语言程序中出现的 /*… …*/ 部分或 //…部分所起的作用是 ________。

15．若用数组名作为函数调用的实参，传递给形参的是 ____________。

16．数据在程序中的存在形式有两种，即 ________ 和变量。

四、程序填空题：本题共 2 小题，每空 2 分，共 10 分。

1．以下程序的功能是：输出 x、y、z 三个变量中的最大值，请填空。

```
#include<stdio. h>
void main（）
{
    int x，y，z，t1，t2；
```

```
    scanf（“%d%d%d”，&x，&y，&z）；
    t1=x>y ? ___①___;
    t2=z>t1 ? ___②___ ;
    printf（“%d\n”，t2）；
}
```

2．下面程序的功能是打印 400 以内个位数为 2 且能被 3 整除的所有数，请填空。

```
#include <stdio. h>
void main（）
{
    int i，j；
    for（i=0；___①___；i++）
{
    j=i*10+2；
      if（___②___）continue；
      printf（“%d”，j）；
    }
}
```

3．下面程序的功能是计算并输出 1 ＋ 3 ＋ 5…＋ 99 的值，请填空。

```
#include <stdio. h>
void main（）
{
    int i，sum=0；
    i=1；
    while（i<=99）
    {
        sum = sum + i；
        ____；
    }
    printf（“sum=%d\n”，sum）；
```

五、阅读程序写结果：本题共 4 小题，每题 5 分，共 20 分。

1．

```
#include <stdio. h>
#define A 3
```

```
#define B（a）（（A+1）*a）
void main（）
{
int x;
x=3*（A+B（7））;
printf（"%d\n"，x）;
}
```

2.

```
#include "stdio. h"
void main（）
{
int a[]={1，2，4，3}，i;
for（i=0; i<4; i++）
   switch（i%2）
   {
   case0:
       switch（a[i]%2）
       {
       case 0: a[i]++; break;
       case 1: a[i]--;
       }
       break;
   case1: a[i]=0;
   }
for（i=0; i<4; i++）
   printf（"%d"，a[i]）;
printf（"\n"）;
}
```

3.

```
#include "stdio. h"
int a=4;
int f（int c）
{
static int a=2;
```

```
c=c+1；
return（a++）+c；
 }
 void main（）
 {
int i，k=0；
for（i=0；i<2；i++）
{
   int a=3；
   k+=f（a）；
}
k+=a；
printf（“%d\n”，k）；
 }
```

4.

```
 #include <stdio. h>
 void f（int *p，int *q）；
 void main（）
 {
int m=1，n=2，*r=&m；
f（r，&n）；
printf（“%d，%d\n”，m，n）；
 }
 void f（int *p，int *q）
 {
p=p+1；
*q=*q+1；
 }
```

六、编程题：本题共 1 小题，共 10 分。

从键盘输入若干个字符，输入回车换行符时结束。请分别统计出其中英文字母、数字、空格和其他字符的个数。

模拟试题十二　参考答案

一、单选题

1	2	3	4	5	6	7	8	9	10
C	C	C	D	D	C	C	C	C	A
11	12	13	14	15					
B	C	C	D	A					

二、判断题

1	2	3	4	5	6	7	8	9	10
×	×	√	×	×	√	×	×	√	×

三、填空题

1．目标　2．1　3．0　4．-1

5．2　6．函数体　7．60　8．A<B || A<C

9．12.5　10．a[2]、0、a[9]　11．'\0'

12．右、左

13．#include <stdio．h>、#include <math．h>

14．注释　15．数组的首地址　16．常量

四、程序填空题

1．① x；y　② z：t1

2．① i<40 或 i<=39　② j%3！ =0

3．i+=2

五、阅读程序写结果

1．93

2．0 0 5 0

3．17

4. <u>1，3</u>

六、编程题

```
#include <stdio. h>
int main（）
{
    char ch;
    int digit=0，letter=0，space=0，others=0;
    printf（“请输入若干个字符，以回车换行符结束：”）；
    ch=getchar（）；
    while（ch!=‘\n’）
    {
        if（ch>=‘0’&& ch<=‘9’）
                digit++;
        else if（ch>=‘a’&& ch<=‘z’|| ch>=‘A’&& ch<=‘Z’）
                letter++;
        else if（ch==‘ ’）
                space++;
        else
                others++;
        ch=getchar（）；
    }
    printf（“数字字符：%d，字母字符：%d，空格字符：%d，其他字符：%d\n”，
        digit，letter，space，others）；
    return 0;
```

模拟试题十三

一、单选题：本题共 15 小题，每小题 2 分，共 30 分。

1．C 语言可执行文件的扩展名为（ ）。

A．.exe　　B．.c　　C．.obj　　D．.lik

2．正确的 C 语言自定义标识符是（ ）。

A．file-bak　　B．abc（10）　　C．_for　　D．class+3

3．C 语言中默认的变量存储类型是（ ）。

A．auto　　B．register　　C．static　　D．extern

4．若希望当 A 的值为奇数时，表达式的值为“真”；当 A 的值为偶数时，表达式的值为“假”。则以下不能满足要求的表达式是（ ）。

A．A%2= =1　　B．!（A%2 = =0）　　C．!（A%2）　　D．A%2

5．若有声明：char s[]=“ab\”cde”；，则数组 s 占内存空间的字节数为（ ）。

A．8　　B．7　　C．6　　D．5

6．下列关于数组概念的描述中，错误的是（ ）。

A．数组中所有元素类型是相同的

B．数组定义后，它的元素个数是可以改变的

C．数组在定义时可以被初始化，也可以不被初始化

D．数组元素的个数是在数组定义时确定的

7．执行语句 y=10；x=y++；后变量 x 和 y 的值是（ ）。

A．x=10，y=10　　B．x=11，y=11

C．x=11，y=10　　D．x=10，y=11

8．假设所有变量均为整型，表达式：a=2，b=5，a>b？ a++：b++，a+b 的值是（ ）。

A．2　　B．5　　C．7　　D．8

9．C 语言中 while 和 do-while 循环的主要区别是（ ）。

A．do-while 的循环体至少无条件执行一次

B．while 的循环控制条件比 do-while 的循环控制条件更严格

C．do-while 允许从外部转到循环体内

D．do-while 的循环体不能是复合

10．若有以下定义 int k[8]，*pt=k；，则对数组元素的正确引用是（ ）。

A．*&k[8]　　B．*（k+5）　　C．*（pt+8）　　D．pt+3

11．变量 p 为指针变量，若 p=&a，下列哪组表达式的含义是不同的（　）。

A．&*p 和 &a　　B．*&a 和 a

C．（*p）++ 和 a++　　D．*（p++）和 a++

12．在 C 语言中，要求运算数必须是整型的运算符是（　）。

A．++　　B．==　　C．%=　　D．!=

13 语句"int（*p）（　）；"的含义是（　）。

A．p 是一个指向一维数组的指针变量

B．p 是指针变量，指向一个整型数据

C．p 是一个指向函数的指针，该函数的返回值是一个整型

D．以上都不对

14．已知：char b[5]，*p=b；，则正确的赋值语句是（　）。

A．b="good"；　　B．*b="good"；

C．p="good"；　　D．*p="good"；

15．设有定义 union data{int d1；float d2；}a；，则下面叙述中错误的是（　）。

A．变量 a 与成员 d2 所占的内存字节数相同

B．变量 a 中各成员共占一片存储单元

C．变量 a 所占的内存字节数是各成员变量所占内存字节数之和

D．若给 a. d1 赋 99 后，a. d2 中的值是 99.0

二、判断题：本题共 10 小题，每小题 1 分，共 10 分，正确的打 √，错误的打 ×。

（　）1．逻辑表达式'c' && 'd' 的值为 1。

（　）2．unsigned 和 VOID 在 C++ 中都是关键字。

（　）3．如果在定义全局变量时不对其进行初始化，系统会自动将其初始化为 0。

（　）4．一个 C 语言程序由一个主函数和若干子函数构成。

（　）5．逻辑运算符 && 的优先级低于逻辑运算符 || 的优先级。

（　）6．如果函数没有返回值，应将函数定义为 void 类型。

（　）7．在 C 语言中，"A"和'A'是等价的。

（　）8．continue 语句的功能是结束本次循环，而不是终止整个循环的执行。

（　）9．使用值传递方式进行参数传递时，形参值的改变不能影响实参的值。

（　）10．如果变量已经被赋值，则数组的大小可以用该变量来定义。

三、填空题：本题共 17 小题，每空 1 分，共 20 分。

1．C 语言中，判断字符型变量 ch 是字母的表达式为 ______________。

2．设 x=4.5，y=100.5，a=7，则表达式 x+a%3*（int）（x+y）%2/4=____________。

3．若有定义 int a=7.5；，则 printf（“%d\n”，a）；的输出结果是__________。

4．若有定义 int i=3，j=4；，则语句 printf（“%d，%d”，++i，j++）；的执行结果是__________。

5．若有 int a=4；float b=14.70；，则能正确表示 a+b 对 a 取余的表达式是__________。

6．若有 int x=2，y=3；，则表达式 x+=y，x*=x+y 的值为__________。

7．分支语句 if（x>=y）max=x；else max=y；用含条件运算符的赋值语句表示为__________。

8．C 语言中，数据类型转换有两种形式，即__________和__________。

9．按照生存期的不同，变量可分为__________和__________。

10．程序就是一组计算机能识别和执行的________。

11．C 语言中，指针变量占__________个字节。

12．执行语句 for（i=6；i-->4；）；后，变量 i 的值为__________。

13．执行语句 char s[3]=“ab”，*p；p=s；*（p+2）的值是__________。

14．若整型变量 a=0，b=8，则表达式 !a&&b 的值是________。

15．p=0；for（i=1；i<=100；i++）p+=i；该语句段执行结束时，p 的值是________。

16．char c[]=“hello\0world”；puts（c）；该语句段输出的结果为__________。

17．若有 int n=100，则执行语句 n%=10-5；后，n 的值为__________。

18．结构体变量所占内存长度是各成员占的内存长度之________。

四、程序填空题：本题共 2 小题，每空 2 分，共 10 分。

1．以下程序的功能是打印输出 100 ～ 200 之间的所有素数，请填空。

```
#include <stdio. h>
#include <math. h>
int main（）
{
    int i，j，k，f;
    for（i=100；i<=200； i++）
    {
        f=1；
        k=___①___；
        for（j=2；j<=k；j++）
            if（___②___）
            {
                ___③___
```

```
                break;
            }
            if（f==1）
                printf（“%5d”，i）;
    }
    return 0;
}
```

2．以下程序运行后的输出结果为666870，其中字母A的ASCII码值为65，请填空。

```
#include <stdio.h>
int main（）
{
    char *s={“ABCDEF”};
    do
{
        printf（“%d”，___④___）;
        s=s+2;
}while（___⑤___）;
return 0;
}
```

五、阅读程序写结果：本题共4小题，每题5分，共20分。

1．

```
#include <stdio. h>
int func（int x，int y）
{
return x-y;
}
int main（）
{
int a=1，b=2，c=3，d=4，e=5;
printf（“%d\n”，func（（a+b，b+c，c+a），（d+e）））;
return 0;
}
```

2.

```
#include <stdio. h>
#include <string. h>
typedef struct
{
char name[9];
char sex;
float score[2];
}STU;
void f（STU a）
{
STU  b={“Qi”，  ‘f’，65. 0，90. 0};
int i;
strcpy（a． name，b. name）;
a． sex=b. sex;
for（i=0; i<2; i++）
   a. score[i]=b. score[i];
}
void main（）
{
STU c={“Qian”，  ‘f’，95. 0，92. 0};
f（c）;
printf（“%s，%c，%2.0f，%2.0f\n”，c. name，c. sex，c. score[0]，c. score[1]）;
}
```

3.

```
#include <stdio. h>
#include <string. h>
void main（）
{
void fun（char f[]）;
char s[50]=“ChinaPeople”;
fun（&s[5]）;
}
void fun（char f[]）
```

```
{
char *t= "World" ;
strcat（f，t）;
puts（f）;
}
```

4.

```
#include <stdio. h>
void main（）
{
int a=4，b=5，t;
int *p1，*p2;
p1=&a; p2=&b;
printf（"a=%d，b=%d\n"，a，b）;
if（a<b）{t=*p1; *p1=*p2; *p2=t; }
printf（"a=%d，b=%d\n"，*p1，*p2）;
}
```

六、编程题：本题共 1 小题，共 10 分。

从键盘输入一个正整数，将其逆序输出。如输入 1234，则输出 4321；输入 567，则输出 765。

模拟试题十三　参考答案

一、单选题

1	2	3	4	5	6	7	8	9	10
A	C	A	C	B	B	D	D	A	B
11	12	13	14	15					
D	C	C	C	C					

二、判断题

1	2	3	4	5	6	7	8	9	10
√	×	√	√	×	√	×	√	√	×

三、填空题

1. （ch>='a'&& ch<='z'）||（ch>='A'&& ch<='Z'）

2. 4.5　3. 7　4. 4，4

5. （int）（a+b）%a　6. 40

7. max = x>=y？ x ：y 或 x>=y？ max=x ：max=y

8. 隐式类型转换、强制类型转换

9. 静态变量、动态变量　10. 指令　11. 4

12. 3　13. '\0'　14. 1　15. 5050

16. hello　17. 0　18. 和

四、程序填空题

1. ① sqrt（i） ② i%j==0 ③ f=0；

2. ① *（s+1） ② *s!='\0'

五、阅读程序写结果

1. –5

2. Qian，f，95，92

3. PeopleWorld

4. a=4，b=5
a=5，b=4

六、编程题

```
#include <stdio. h>
void main（）
{
int n，g；
printf（"请输入一个整数："）；
scanf（"%d"，&n）；
if（n==0） printf（"%d\n"，n）；
```

```
else
{
   while（n ！ =0）
   {
      g=n%10;
      printf（“%d”， g）;
      n/=10;
   }
   printf（“\n”）;
}
 }
```

模拟试题十四

一、单选题：本题共15小题，每小题2分，共30分。

1．结构化程序设计的三种基本结构是（　）。

A．顺序结构、选择结构、循环结构　　B．选择结构、循环结构、分支结构

C．选择结构、循环结构、模块结构　　D．共同体、结构体、文件

2．若有 int a=3，b=4，c=5；，则下列表达式中，值为0的表达式是（　）。

A．‘A’&&‘B’　　B．a<=b

C．c>=b||b+c&&b–c　　D．a<=b+c&&c>=a+b

3．若希望当A的值为奇数时，表达式的值为“真”，当A的值为偶数时，表达式的值为“假”。则以下不能满足要求的表达式是（　）。

A．A%2==1　　B．!（A%2 = =0）　　C．!（A%2）　　D．A%2

4．下面不能正确表示 a*b/（c*d）的表达式是（　）。

A．（a*b）/c*d　　B．a*b/（c*d）　　C．a/c/d*b　　D．a*b/c/d

5．设x、y均为float型变量，则以下不合法的赋值语句是（　）。

A．x+=1；　　B．y=（x%2）/10；　　C．x*=y+8；　　D．x=y=0；

6．给出以下定义：char X [ ] =“abcdefg”；char Y [ ] = {‘a’，‘b’，‘c’，‘d’，‘e’，‘f’，‘g’}；，则正确的叙述为（　）。

A．数组X和数组Y等价

B．数组X和数组Y的长度相同

C．数组X的长度大于数组Y的长度

D．数组X的长度小于数组Y的长度

7．若有声明 int a[10]，i；，下面对一维数组元素的正确访问是（　）。

A．a（0）　　B．a[10]　　C．a[2*3]　　D．a[2+i]

8．在C语言中，只能修饰全局变量的存储类型是（　）。

A．auto　　B．register　　C．static　　D．extern

9．若有说明：int *p1，*p2，m=5，n；，则以下均是正确赋值语句的选项是（　）。

A．p1=&m；p2=&p1；　　B．p1=&m；p2=&n；*p1=*p2；

C．p1=&m；p2=p1；　　D．p1=&m；*p2=*p1；

10．不合法的常量为（　）。

A．123L　　B．1.23e2.5　　C．077　　D．0xa5

11．有以下语句：int b；char c[10]；，则正确的输入语句是（ ）。

A．scanf（“%d%s”，&b，&c）；　　B．scanf（“%d%s”，&b，c）；

C．scanf（“%d%s”，b，c）；　　D．scanf（“%d%s”，b，&c）

12．要说明一个有 3 行 4 列的二维数组，应当选择语句（ ）。

A． int a[3][]={1，2，3，4，5，6，7，8，9，10，11，12}；

B． int a[3，4]={1，2，3，4，5，6，7，8，9，10，11，12}；

C． int a[][]={1，2，3，4，5，6，7，8，9，10，11，12}；

D． int a[][4]={1，2，3，4，5，6，7，8，9，10，11，12}；

13．有以下程序，字母 A 的 ASCII 码值为 65。程序运行后的输出结果是（ ）。

```
#include <stdio. h>
void main（）
{
        char *s={“ABCD”}；
        do
        {printf（“%d”，*s/20）；s++；
        }while（*s）；
}
```

A．6666　　B．5678　　C．3333　　D．ABCD

14．为了完成把字符串 s1 赋值给 s2，应当使用（ ）。

A．s1==s2　　B．s1=s2　　C．strcpy（s2，s1）　　D．strcpy（s1，s2）

15．变量 a 所占内存字节数是（ ）。

```
union U {char st[4]；int i；long l；}；
struct A {float c；union U u；}a；
```

A．4　　B．5　　C．6　　D．8

二、判断题：本题共 10 小题，每小题 1 分，共 10 分，正确的打 √，错误的打 ×。

（ ）1．静态（static）类别变量的生存期贯穿于整个程序的运行期间。

（ ）2．++ 运算符的运算对象可以是 char 型变量和 int 型变量，但不能是 float 型变量。

（ ）3．结构体类型可以实现自己定义新的数据类型。

（ ）4．for 循环的循环体语句中，可以包含多条语句，但必须用花括号括起来。

（ ）5．用户定义的函数中可以有多个 return 语句，以便可以调用一次返回多个函数值。

（ ）6．在使用一维数组名作函数实参时，实参数组名与形参数组名必须一致。

（　）7．在C语言中，二维数组是按行优先存放的。

（　）8．已有定义：char a[]=“xyz”，b[]={‘x’，‘y’，‘z’}；，数组a和b的长度相同。

（　）9．break语句只能用于switch语句。

（　）10．函数的形式参数，在函数未调用时不分配存储空间。

三、填空题：本题共16小题，每空1分，共20分。

1．能正确表示逻辑关系：“a ≥ 10 或 a ≤ 0”的C语言表达式是________________。

2．C语言中，________________是程序的基本组成部分。

3．语句printf（“%d\n”，（int）（2.5+3.0）/3）；的执行结果是________________。

4．若有int w=1，x=2，y=3，z=4;，语句printf（“%d\n”，w<x？x>y：x<y？x：y）；的执行结果是________________。

5．执行语句序列int x=10，y=9；int a，b，c；a=（--x==y++）？--x：++y；后，a的值为________________。

6．若有int n=023；，则语句printf（“%d\n”，--n）；的执行结果为____________。

7．若有short int a=-32768，b；b=a-1；，则语句printf（“a=%d，b=%d”，a，b）；的执行结果为________________。

8．若变量已正确定义，执行语句scanf（“%2d%*2d%2d%f”，&a，&b，&f）；并从键盘输入123456789后，变量a=__________，b=__________，f=__________。

9．按照作用域的不同，变量可分为______________和______________。

10．若有int k=2，i=2，m；m=（k+=i*=k）；，则语句printf（“%d，%d\n”，m，i）；的执行结果为________。

11．在scanf（）函数中，格式符x用于输入__________。

12．在C语言中，一个int型数据在内存中占2个字节，则int型数据的取值范围为___________到___________。

13．已知int x=6；，则执行x+=x-=x*x语句后，x的值是______________。

14．在循环结构中，能够跳过其后语句进入下一层循环的语句是________。

15．定义结构体类型的关键字是________。

16．C语言中，函数值类型的定义可以缺省，此时函数值的隐含类型是________。

四、程序填空题：本题共2小题，每空2分，共10分。

1．函数yanghui能够按以下形式构成一个杨辉三角形，请填空。

```
1
1  1
1  2  1
1  3  3  1
1  4  6  4  1
…
#define N 11
yahui（int a[ ][N]）
{
int i，j；
for（i=1；i<N；i++）
{
   a[i][1]=1；a[i][i]=1；
}
for（___①___；i<N；i++）
   for（j=2；___②___；j++）
      a[i][j]=___③___；
}
```

2．以下程序的功能是输出能被3整除且至少有一位是5的两位数，请填空。

```
#include <stdio. h>
int fun（int n）
{
int a1，a2；
a2=___①___；
a1= ___②___；
if（（n%3==0 && a2==5）||（n%3==0 && a1==5））
   return 1；
else
   return 0；
}
void main（）
{
int k；
```

```
for（k=10；k<=99； k++）
{
   if（fun（k）==1）
        printf（“%4d”，k）;
}
 }
```

五、阅读程序写结果：本题共4小题，每题5分，共20分。

1.

```
 #include“stdio. h”
 void main（）
 {
char ch1=‘a’，ch2=‘A’;
switch（ch1）
{
case‘a’：
   switch （ch2）
   {
   case‘A’：
        printf（“good!”）; break;
   case‘B’：printf（“bad!”）; break;
   }
case‘b’：printf（“joke\n”）;
}
 }
```

2.

```
 #include“stdio. h”
 void main（）
 {
int x[]={22，33，44，55，66，77，88};
int k，y=0;
for （k=1；k<=4；k++）
   if（x[k]%2==1）
        y++;
```

```
printf（“%d”，y）；
 }
 3.
 #include <stdio. h>
 int fun（int a，int b）
 {
if（a>b）
   return（a）；
else
   return（b）；
 }
 void main（）
 {
int x=15，y=8，r;
r= fun（x，y）；
printf（“r=%d\n”，r）；
 }
```

```
 4.
 #include <stdio. h>
 int f（int n）；
 void main（）
 {
int a=4，s;
s=f（a）；
s=s+f（a）；
printf（“%d\n”，s）；
 }
 int f（int n）
 {
static int a=1;
n+=a++;
return n;
 }
```

六、编程题：本题共 1 小题，共 10 分。

从键盘输入 10 个分数（可带一位小数），求解并输出最高分及最高分的位置（位置从 1 开始计算）。

模拟试题十四　参考答案

一、单选题

1	2	3	4	5	6	7	8	9	10
A	D	C	A	B	C	C	D	C	B
11	12	13	14	15					
B	D	C	C	D					

二、判断题

1	2	3	4	5	6	7	8	9	10
√	×	√	√	×	×	√	×	×	√

三、填空题

1．a>=10 || a<=0　　2．函数　　3．1

4．0　　5．8　　6．18

7．a=-32768，b=32767　　8．12、56、789．000

9．全局变量、局部变量

10．6，4　　11．十六进制整数

12．-32768、32767　　13．-60

14．continue；　　15．struct

16．int

四、程序填空题

1．① i=3 ② j<i ③ a[i-1][j-1]+ a[i-1][j]

2．① n/10 或 n%10 ② n%10 或 n/10【注意对应关系】

五、阅读程序写结果

1. good!joke
2. 2
3. 1=15
4. 11

六、编程题

```
 #include <stdio3. h>
 void main（）
 {
float score[10]，max；
int i，maxi；
printf（“请输入 10 个成绩：\n”）；
for（i=0；i<10；i++）
   scanf（“%f”，&score[i]）；
max=score[0]；
maxi=1；
for（i=1；i<10；i++）
{
   if（max<score[i]）
   {
       max=score[i]；
       maxi=i+1；
   }
}
printf（“最大值：%. 1f，最大值位置：%d”，max，maxi）；
 }
```

模拟试题十五

一、单选题：本题共 15 小题，每小题 2 分，共 30 分。

1．以下叙述中正确的是（　）。

A．程序的执行总是从 main 函数开始，在程序的最后一个函数中结束

B．程序的执行总是从执行的第一个函数开始，在 main 函数结束

C．程序的执行总是从执行的第一个函数开始，在程序的最后一个函数中结束

D．程序的执行总是从 main 函数开始，在 main 函数结束

2．有以下定义语句，编译时会出现编译错误的是（　）。

A．char a=‘A’；　　B．char a=‘AA’；

C．char a=‘\n’；　　D．char a=‘\x5d’；

3．执行语句 for（i=0；i++<100；）；后，变量 i 的值为（　）。

A．99　　B．100　　C．101　　D．语句存在语法错误

4．有以下语句：int x；char s[10]；，则正确的输入语句是（　）。

A．scanf（“%d%s”，&x，&s）；　　B．scanf（“%d%s”，&x，s）；

C．scanf（“%d%s”，x，s）；　　D．scanf（“%d%s”，x，&s）；

5．若有声明：char s[]=“ab\cde”；，则数组变量 s 占内存空间的字节数为（　）。

A．5　　B．6　　C．7　　D．8

6．若要定义一个具有 5 个元素的整型数组，以下错误的定义语句是（　）。

A．int i=5，d[i];　　B．int b[]={0，0，0，0，0};

C．int c[2+3];　　D．int a[5]={0}；

7．假定一个字符串的长度为 n，则定义存储该字符串的字符数组的长度至少为（　）。

A．n–1　　B．n　　C．n+1　　D．n+2

8．在 C 语言中，默认的存储类型是（　）。

A．auto　　B．register　　C．static　　D．extern

9．关于参数传递的叙述正确的是（　）。

A．数组元素做实参，是地址传递方式

B．数组名做实参，是单向值传递方式

C．简单变量做实参，是单向值传递方式

D．指针变量做实参，是双向地址传递方式

10．下列不正确的转义字符是（　）。

A．‘\\’　　B．‘\’　　C．‘074’　　D．‘\0’

11．下面各语句中，不能正确进行字符串赋值操作的语句是（　）。

A．char s [ ]={“ABCDE”}；

B．char s[ ]={‘A’，‘B’，‘C’，‘D’，‘E’}；

C．char s[10] =“ABCDE”；

D．char s[10]；s =“ABCDE”；

12．设 x 和 y 均为 int 型变量，则以下语句 x+=y；y=x−y；x−=y；的功能是（　）。

A．把 x 和 y 按从大到小排列　　B．把 x 和 y 按从小到大排列

C．无确定结果　　D．交换 x 和 y 中的值

13 下面程序中，循环语句 while 执行的循环次数是（　）。

```
#include <stdio. h>
void main（）
{
int k=2；
while （k=0）
  printf（“%d”，k）；
k−−；
printf（“%d”，k）；
}
```

A．无限次　　B．0 次　　C．1 次　　D．2 次

14．以下叙述中不正确的是（　）。

A．在不同的函数中可以使用相同名字的变量

B．函数中的形式参数是局部变量

C．在一个函数内定义的变量只在本函数范围内有效

D．在一个函数内的复合语句中定义的变量在本函数范围内有效

15．在说明语句 int（*f）（）；中，标识符 f 代表的是（　）。

A．一个用于指向函数的指针变量

B．一个用于指向一维数组的行指针

C．一个用于指向整型数据的指针变量

D．一个返回值为指针型的函数名

二、判断题：本题共 10 小题，每小题 1 分，共 10 分，正确的打 √，错误的打 ×。

（　）1. C 语言的 switch 语句中 case 后可为常量或表达式或有确定值的变量及表达式。

（　）2. 7&4+12 的值是 16。

（　）3. 语句 int *p；说明了指向函数的指针，该函数返回一 int 型数据。

（　）4. 进行宏定义时，宏名必须使用大写字母表示。

（　）5. 在 C 程序中， 函数既可以嵌套定义， 也可以嵌套调用。

（　）6. 在对全部数组元素赋初值时，必须指定数组长度。

（　）7. 函数调用语句：func（rec1，rec2+rec3，（rec4，rec5））；中，含有的实参个数是 5。

（　）8. 关系运算优先级大于逻辑运算。

（　）9. 假设有 int a[10]， *p；，则 p=&a[0] 与 p=a 等价。

（　）10. 结构体变量所占存储空间是各成员变量中所占空间最大的成员变量所占的空间。

三、填空题：本题共 15 小题，每空 1 分，共 20 分。

1. 若有 int x=12，y=12；，则语句 printf（“%d，%d\n”，--x，y++）；的执行结果是 ________________。

2. 若有定义：char a；int b；float c；double d；，则表达式 a*b+d-c*b 值的类型为 ________________。

3. 若有定义 char s[ ]=“abcde”；，则语句 printf（“%s\n”，s+2）；的执行结果 ________________。

4. 若有 int x=2，y=3；，则表达式 x+=y，x*=x+y 的值为 ________________。

5. 表达式 ‘c’ && ‘d’ 的值为 ____________，表达式 ‘c’ && ‘\0’ 的值为 ____________，表达式！‘c’ || ‘c’ <= ‘d’ 的值为 ____________。

6. 语句 if（x>=y）max=x；else max=y；用含条件运算符的赋值语句表示为 ________________。

7. 根据函数调用方式，函数可分为 ____________ 和 ________________。

8. 结构化程序设计方法中，程序有三种基本结构，即 ____________、____________、____________。

9. 描述字符型变量 ch 是字母的表达式为 ______________________________。

10. 已知 scanf（“a=%d，b=%d，c=%d”，&a，&b，&c）；，若从键盘输入 2、3、4 三个数分别作为变量 a、b、c 的值，则正确的输入形式是 ______________。

11. 若有 int x=4，y=9；x+=y；y=x-y；x-=y；，则语句 printf（“%d，%d\n”，x，

y）；的执行结果为 __________。

12．已知字符型变量 ch 为小写字母，则将 ch 变为大写字母的表达式为 ________。

13．C 语言中，字符型常量以 ______________ 码的形式存储。

14．在循环结构中，结束当前循环的语句是 _______。

15．定义共用体类型的关键字是 _______。

四、程序填空题：本题共 2 小题，每空 2 分，共 10 分。

1．下面程序可求出矩阵 a 的两条对角上的元素之和，请填空。

```
#include <stdio. h>
void main（）
{
int a[3][3] = {1，2，3，4，5，6，7，8，9}；
int sum1=0，___①___，i;
for（i=0；i<3；i++）
   sum1=sum1+___②___;
for（i=0；i<3；i++）
   sum2 =sum2+___③___;
printf（“sum1=%d，sum2=%d\n”，sum1，sum2）；
}
```

2．以下程序的功能是输出 Fibonacci 数列前 10 项（这个数列的特点是：第 1、2 个数是 1、1，从第三个数开始，该数是其前面两个数之和），请填空。

```
#include <stdio. h>
void main（）
{
int f1，f2，i;
f1=f2=1；
for（i=1；i<=5；i++）
{
   printf（“%d\t%d\n”，f1，f2）；
   f1=___①___;
   f2=___②___；
}
}
```

五、阅读程序写结果：本题共 4 小题，每题 5 分，共 20 分。

1.

```
#include <stdio. h>
void main（）
{
int x，y;
for（y=1，x=1；y<=50；y++）
{
   if（x>=3）
        break;
   if（x%2==0）
   {
        x+=5;
        continue;
   }
   x=3;
}
printf（“%d\n”，x）；
}
```

2.

```
#include <stdio. h>
void fun（int a，int b，int c）
{
a=4，b=5，c=6;
a=b+c;
b=c+a;
c=a+b;
}
void main（）
{
int x=10，y=20，z=30;
fun（x，y，z）；
printf（“%d，%d，%d\n”，x，y，z）；
}
```

3.

```
#include <stdio. h>
void fun（int x，int y，int *c，int *d）
{
*c=x+y；
*d=x-y；
}
void main（）
{
int a，b，x，y；
a=30；      b=50；
fun（a，b，&x，&y）；
printf（“%d，%d，%d，%d\n”，a，b，x，y）；
}
```

4.

```
#include <stdio. h>
int f（int n）；
void main（）
{
int a=4，i，s；
for（i=1；i<=3；i++）
   s=f（a）；
printf（“%d\n”，s）；
}
int f（int n）
{
static int a=1；
n+=++a；
return n；
}
```

六、编程题：本题共 1 小题，共 10 分。

和数是指一个数等于其除自身外的其余各因子的和。如 6=1+2+3，6 是和数。输出 100 以内所有的和数。

模拟试题十五　参考答案

一、单选题

1	2	3	4	5	6	7	8	9	10
D	B	C	B	C	A	C	A	C	C
11	12	13	14	15					
D	D	B	D	A					

二、判断题

1	2	3	4	5	6	7	8	9	10
×	×	×	×	×	×	×	×	√	×

三、填空题

1. 11，12　2. double　3. cde　4. 40

5. 1 、 0 、 1　6. max=x>=y ? x : y;

7. 主调函数 、 被调函数　8. 顺序结构 、 选择结构 、 循环结构

9. （ch>=‘A’ && ch<=‘Z’）||（ch>=‘a’ && ch<=‘z’）

10. a=2，b=3，c=4　11. 9，4　12. ch=ch-32 或 ch-=32

13. ASCII　14. break;　15. union

四、程序填空题

1. ① sum2=0 ② a[i][i] ③ a[i][2-i]

2. ① f1+f2 ② f1+f2

五、阅读程序写结果

1. 3

2. 10，20，30

3. 30，50，80，-20

4. 8

六、编程题

```
#include <stdio. h>
void main（）
{
int n，i，s；
for（n=1；n<=100；n++）
{
   s=0；
   for（i=1；i<n；i++）
   {
      if（n%i==0）
         s+=i；
   }
   if（s==n）
      printf（“%4d”，n）；
}
printf（“\n”）；
}
```

实训报告手册模板

第 1 章 C语言程序设计概述

实训 认识C语言程序设计的基本流程及其开发环境

【示范任务1】从键盘上任意输入两个整数，求解并输出这两个整数的和。

1. 程序的简单调试

① 在程序中删除一个分号，重新编译，观察并记录结果后恢复。

错误信息与分析：
修正错误：

② 把程序“int a，b，sum；”中的一个西文逗号改成中文逗号，重新编译，观察并记录结果后恢复。

错误信息与分析：
修正错误：

③ 在程序中删除花括号“{”，重新编译，观察并记录结果后恢复。

观察与分析：
修正错误：

④ 在程序中删除预处理命令，重新编译，观察并记录结果后恢复。

观察与分析：
修正错误：

⑤ 在程序中把一个“//”改成“/”， 重新编译，观察并记录结果后恢复。

观察与分析：
修正错误：

⑥ 在程序中把 main 改成 mian，重新编译并链接，观察并记录结果后恢复。

观察与分析：
修正错误：

⑦ 在程序中把“sum = a + b ；”改成“sum = a – b ；”，重新编译、链接、执行，观察并记录结果后恢复。

观察与分析：
修正错误：

⑧ 归纳结论。

程序中怎样的差错会在编译时被发现？
程序中怎样的差错不会在编译时被发现，却影响程序的运行结果？

【提高任务1】设计一个C语言程序，输出以下信息：

```
*********************************
    Welcome to C Programming !
*********************************
```

源程序代码

三、自测题

1．单项选择题

1	2	3	4	5	6	7	8	9	10
11	12	13							

2．填空题

（1）__________（2）__________（3）__________（4）__________（5）__________

（6）__________、__________

第 2 章　算法及其描述

实训　算法设计

【同步任务1】假定个人所得税的征收依据如下：按工资收入的15%征收个人所得税。设计一个算法，当从键盘输入职工工资时，计算出实发工资并输出。

1．用自然语言描述算法

2．用传统流程图描述算法

3．用 N-S 流程图描述算法

【同步任务2】求一元二次方程$ax^2+bx+c=0$的根，写出其算法流程。

1．用自然语言描述算法

2．用传统流程图描述算法

3．用 N-S 流程图描述算法

【提高任务2】有3个数a、b、c，要求按大小顺序将它们输出。

1．用自然语言描述算法

2．用传统流程图描述算法

3．用 N-S 流程图描述算法

【同步任务3】依次输入10个数，要求将其中最大的数打印出来。

1. 用自然语言描述算法

2. 用传统流程图描述算法

3. 用N-S流程图描述算法

三、自测题

1. 单项选择题

1	2	3							

2. 填空题

（1）____________、____________、____________、____________、____________

（2）____________________、____________________、____________________

（3）____________________、____________________、____________________

第 3 章　基本数据类型与表达式

实训 3.1　数据类型与数据的输入/输出

【同步任务1】从键盘输入两个实数并依次将其值赋给变量f1和f2，然后依次在屏幕上输出f1与f2的值且两数之间以Tab键分隔。

💻 源程序代码

【同步任务2】用#define声明一个符号常量STR值为“Welcome to Citsoft，2007！”，然后在屏幕上输出符号常量STR的值。

💻 源程序代码

三、自测题

1．单项选择题

1	2	3	4	5	6	7	8	9	10
11	12	13	14	15	16	17	18	19	20

2. 填空题

（1）________（2）________（3）________（4）________（5）________、________

3. 程序阅读

（1）________________________________（2）________________________________

实训 3.2 表达式与表达式语句

【同步任务1】 编写程序，输入3个实数a、b、c（假设满足$b^2-4ac>0$），求出方程$ax^2+bx+c=0$的两个实根并显示在屏幕上。

源程序代码

【同步任务2】 从键盘输入一个整数给变量x，然后判断x是否是奇数。若是，则在屏幕上输出："x是奇数"；否则在屏幕上输出"x是偶数"。（注：屏幕显示的x是变量x的值。例：输出"3是奇数"。）

源程序代码

三、自测题

1．单项选择题

1	2	3	4	5	6	7	8	9	10
11	12	13							

2．填空题

（1）__________（2）__________（3）__________（4）__________（5）__________

（6）__________

3．程序阅读题

（1）____________________（2）____________________（3）____________________

（4）____________________（5）____________________（6）____________________

4．编程题

（1）源程序代码

（2）源程序代码

实训 3.3 结构体与枚举类型

【同步任务1】输入2本书的信息（包括书名、作者和价格），数据价格较高的书的书名及两本书的总价格。

源程序代码

【同步任务2】请用枚举类型表示1年的12个月份，然后根据用户输入的月份输出该月份的天数。

源程序代码

三、自测题

1．单项选择题

1	2	3	4	5	6	7	8	9	10

2．程序阅读题

（1）______________________________

（2）______________________________

第 4 章　程序结构与流程控制语句

实训 4.1　if语句

【同步任务1】从键盘输入三角形的3条边，计算并输出三角形的面积。若输入的3个整数不能构成三角形，应有相应的容错处理。

源程序代码

【提高任务1】从键盘任意输入3个整数分别存入变量a、b、c中，请按照变量a、b、c的先后次序输出这3个变量的值，并使输出结果由小到大排序。

源程序代码

【同步任务2】设计一个程序，实现下列分段函数：

$$y=\begin{cases} -x+3.5 & (x<5) \\ 20-3.5(x+3)^2 & (5\leqslant x<10) \\ \dfrac{x}{2}-3.5+\sin(x) & (x\geqslant 10) \end{cases}$$

源程序代码

【提高任务2】从键盘输入三角形的3条边，如果能构成三角形，判断是何种三角形并求解、输出其面积；如果不能构成三角形，输出相应提示信息。

源程序代码

三、自测题

1．单项选择题

1	2	3	4	5	6	7	8	9	10

2．程序阅读题

（1）________（2）________（3）________（4）________（5）________（6）________

3．编程题

（1）源程序代码

（2）源程序代码

实训 4.2 switch语句

【同步任务1】从键盘读入两个运算数（data1和data2）及一个运算符（op），计算表达式data1 op data2的值。其中，op可为+，-，*，/。要求要有相应的容错处理。

源程序代码

【提高任务1】计算并输出给定的某年某月有多少天。

源程序代码

【同步任务2】从键盘读入任意整数x的值，根据下列函数关系，计算并输出相应的y值。

x	y
x<0	0
0 ≤ x <10	x
10 ≤ x <20	10
20 ≤ x <40	－ x+20
x ≥ 40	20

源程序代码

【提高任务2】从键盘任意输入一个百分制成绩（实型），输出其对应的五级分制。对应关系如下：90~100为A，80~89为B，70~79为C，60~69为D，其余为E。

源程序代码

三、自测题

1．程序阅读题

（1）________________（2）________________（3）________________

2．编程题

（1）源程序代码

实训 4.3 循环语句

【同步任务1】 计算并输出1*2*3*4*…*n的值，即求n！（n<=10）。要求分别用while语句、do-while语句和for语句实现。

💻 源程序代码

【提高任务1】 从键盘读入一个奇数n，计算1+3+5+ … +n。

💻 源程序代码

【同步任务2】 从键盘接收为某参赛选手打分的评委人数m（m>2）以及各个评委所给分数score（分数score为一个小于等于10的正实数），并对分数进行处理，以求出最后得分lastScore，即去掉一个最高分和一个最低分后，其余m-2个得分的平均值。

💻 源程序代码

【提高任务2】从键盘输入若干个字符，统计其中数字字符的个数，用#结束输入。

源程序代码

【同步任务3】计算并输出-1+1/2-1/4+1/8…的和，直到最后一项的绝对值小于等于10^{-6}为止。

源程序代码

【提高任务3】计算并输出数列2/1，3/2，5/3，8/5，13/8，21/13，…前20项之和。

源程序代码

三、自测题

1．单项选择题

1	2	3	4	5	6	7	8		

2．程序填空题

（1）__________、__________、__________

（2）__________、__________、__________

3．编程题

（1）源程序代码

（2）源程序代码

实训 4.4 break和continue语句

【同步任务1】 输出1~100之间所有各位上数的乘积大于各位上数的和的数，并控制每行输出8个数。

源程序代码

【提高任务1】 输出100 ~ 500内所有正读与反读大小相同的数（例181），控制每行输出6个。

源程序代码

【同步任务2】输出2~100内的所有素数。

源程序代码

【提高任务2】输出所有的水仙花数。

源程序代码

三、自测题

1．单项选择题

1	2	3	4	5	6	7			

2．填空题

（1）__________、__________

（2）__________

3．编程题

（1）源程序代码

（2）源程序代码

（3）源程序代码

第 5 章 数 组

实训 5.1 一维数组的使用

【同步任务1】从键盘输入10个字符，请将其中的小写字母转换成大写字母，其他字符不变。输出转换前后的字符。

源程序代码

【提高任务1】从键盘输入3名同学的基本信息，并在屏幕上显示出来。

源程序代码

【同步任务2】已知含有10个整型元素的降序数列，从键盘输入一个整数n（0≤n≤9），请将位于位置n上的元素删除，并保持数列的有序性和连续性。输出删除元素后的数列，要求有相应的容错处理。

源程序代码

【提高任务2】从键盘输入10个互不相同的整数存入数组a中，再输入一个整数存入变量num中。如果num等于数组a的某个元素，请将该数组元素删除，输出删除后的数组；否则输出提示信息“该数不存在!”。

💻 源程序代码

【同步任务3】从键盘输入一个完全由小写字母组成的字符串，对此字符串进行加密，加密规则是：将每个字母都变成字母表中其后面的字母，例a→b，z→a。将原字符串与加密后的字符串输出。

💻 源程序代码

【提高任务3】从键盘输入一个长度小于80的字符串存入数组str中，再将该字符串逆序存放在str中。输出原字符串和逆序后的字符串。要求用最少的存储空间。

💻 源程序代码

三、自测题

1．单项选择题

1	2	3	4	5					

2. 程序阅读题

（1）____________________（2）____________________

3. 编程题

（1）源程序代码

（2）源程序代码

实训 5.2 二维数组的使用

【同步任务1】从键盘输入3×3的整型矩阵元素，找出全部元素中的最大值。输出矩阵和最大元素值。

源程序代码

【提高任务1】从键盘输入3×3的整型矩阵元素，找出全部元素中的最小值。输出矩阵、最小元素值及其行列下标。要求行列下标从1开始计算。

源程序代码

【同步任务2】从键盘任意输入5个字符串，字符串的最大长度为20。请输出其中最大的字符串。

源程序代码

【提高任务2】从键盘依次输入1至3号学生的姓名（名字个数不超过20个字符），请按字典序进行排序，输出排序后的结果。

源程序代码

三、自测题

1．单项选择题

1	2	3	4	5	6	7	8		

2．程序阅读题

（1）____________ （2）____________ （3）____________

3．编程题

（1）源程序代码

（2）源程序代码

第 6 章　函　数

实训 6.1　函数的基本使用

【同步任务1】从键盘输入一个字符串，输出其中数字字符的个数。要求用自定义函数int isdigit（char ch）实现数字字符的判断功能。主函数完成输入、输出功能。

源程序代码

【提高任务1】统计1~100间的同构数个数。要求用自定义函数实现判断一个数是否为同构数功能。主函数完成输出功能。

源程序代码

【同步任务2】输出2~100间的所有素数，要求用自定义函数int isPrime（int n）实现判断n是否为素数。

源程序代码

【提高任务2】输出1~100间所有各位上数之积大于各位上数之和的数，控制每行输出6个。要求用自定义函数实现对整数的判断，输出功能由主函数完成。

源程序代码

三、自测题

1．单项选择题

1	2	3	4	5	6	7	8		

2．程序阅读题

（1）________________（2）________________（3）________________

3．编程题

（1）源程序代码

（2）源程序代码

实训 6.2 函数的参数传递

【同步任务1】从键盘输入10个整数，然后统计并输出其中偶数的个数。要求定义并使用计算数组中偶数个数的函数int odd（int arr[ ]），输入与输出由主函数完成。

源程序代码

【提高任务1】从键盘输入一个字符串，长度不超过80，统计其中英文字母的个数。要求使用自定义函数实现统计英文字母的功能。输入输出由主函数完成。

源程序代码

【同步任务2】从键盘输入若干个整数，输出其中最小值。整数个数在程序运行时指定。要求定义并使用求数组前n个元素中最小值的函数int min_n（int arr[]，int n），输入输出由主函数完成。

源程序代码

【提高任务2】从键盘输入若干个整数，输出它们的平均值。整数个数在程序运行时指定。要求定义并使用求数组前n个元素平均值的函数float aver_n（int arr[]，int n），输入输出由主函数完成。

源程序代码

【同步任务3】从键盘输入10个整数，输出其中的最大值和最小值。要求定义并使用函数void max_min（int arr[]，int n，int &max，in &min）实现求最大值和最小值，输入输出由主函数完成。

源程序代码

【提高任务3】从键盘输入10个整数，输出其中正偶数和负奇数的个数。要求定义并使用函数void fun（int arr[]，int n，int &posEven，int &negOdd）实现求正偶数和负奇数的个数，输入输出由主函数完成。

源程序代码

三、自测题

1．单项选择题

1	2	3	4	5	6	7	8		

2．程序阅读题

（1）____________ （2）____________ （3）____________

（4）____________ （5）____________

3．编程题

（1）源程序代码

（2）源程序代码

实训 6.3 函数的综合应用

【同步任务1】 从键盘输入10个整数，然后统计并输出其中正数、负数和零的个数。要求定义并使用统计上述三类整数个数的函数void count（int x），输入与输出由主函数完成。

源程序代码

【提高任务1】从键盘输入一个字符串，分别输出字母字符、数字字符、空格字符和此外的其他字符个数。要求定义并使用统计字符串中上述字符的函数void charCount（char str[]），输入输出由主函数完成。

源程序代码

【同步任务2】从键盘输入一个字母，输出其ASCII码。要求定义并使用int isLetter（char ch）函数对输入的字符进行是否为字母的判断。如果不是字母，允许重新输入，共给3次机会。输入与输出由主函数完成。

源程序代码

【提高任务2】从键盘输入一个整数，如果是奇数，输出信息“输入正确!”；否则，重新输入，共给3次机会。如果3次都不对，则输出“3次机会已用完，谢谢使用!”要求定义并使用int isOdd（int n）函数对输入的整数进行奇偶性的判断。

源程序代码

三、自测题

1．单项选择题

1	2	3	4	5					

2．填空题

（1）________________、________________

（2）________________、________________

（3）________________、________________

（4）________________、________________

3．程序阅读题

（1）________________（2）________________

（3）________________（4）________________